吃母乳的孩子 最聰明

餵母乳的媽咪 最健康

第一次餵母乳

作者

幫助最多媽媽輕鬆哺乳的資深護理主任

黃資裡

生活消費高手，親身經歷哺乳喜樂的媽咪

陶禮君

朱雀文化

用母乳，給孩子構築一道天然的健康防線

台大醫院產科主任 李建南

爲了給生命最好的開始，包括世界衛生組織(WHO)及聯合國兒童基金會(UNICEF)等都一致建議，嬰兒從一出生起，便給他餵食母乳。

無論從母親或嬰兒的生理、心理層面考量以及科學的實驗證明，母乳的優點都是無可取代的，更貼切的說法是，母奶是上天賜給寶寶最美好的禮物。在歐美等國家，餵母奶的風氣相當興盛且成熟，只要你說出一個不適合餵母奶的藉口，馬上就有十個說法足以推翻你的理由。而台灣這些年來，在政府宣導及各母嬰親善醫療院所聯手努力下，餵母奶的風氣，也蔚爲流行，「母奶媽媽」甚至成爲一種新派時尚。

除了健康、營養的角度外，餵母奶更是一種絕佳的親子互動，透過哺乳的過程，以相依相繫的情感，建立了媽媽與寶寶之間愛的連結。如果你細心觀察，將不難發現，在哺乳的親子檔身上往往存在著某種特別的神采，而那種愉悅溫暖的氛圍，絕不只是「餵食」而已。當然，餵母奶並不是永遠都這麼輕鬆快樂，但是當你眞正了解並體悟這其中的意義時（媽媽經由餵母奶給了寶寶絕對的滿足感與安全感），你就會明白所有曾經的辛苦與麻煩都是值得的！

過去，因為不少積非成是的誤解，使得國人母乳哺餵率偏低，但現代的媽媽則幸運許多。大多數的母親在生產住院期間，都可藉著醫護人員細心的指導，排除心中的疑慮與障礙，學習到正確的餵奶技巧及觀念，返家之後亦可利用醫院的諮詢專線、社區的義工團體等來幫忙解決哺餵母奶過程中所遇到的困難。

「餵養母奶，媽媽之責。」這句話，或許嚴肅了些，然而，如果沒有特殊原因，應該盡量堅持餵母乳，請不要輕易放棄這項只有母親才有的寶貴資產，能餵多久，就餵多久，給寶寶最天然同時也是最理想的食物，用母奶為孩子構築一道健康的防線，讓親子關係及寶寶健康在哺育母奶的過程當中，有美好的開始。

有別於目前坊間的母奶書籍，本書以深入淺出的寫法，配合賞心悅目的編排方式，讓餵母奶這件事變得簡單又容易。作者黃資裡小姐是我認識多年的醫護人員，她的專業素養與實務經驗無庸置疑，最重要的是，她一路行來，為哺餵母奶這件事所付出的心力，著實令我動容。

本書實際指導新手媽媽如何順利展開哺乳，並詳細解說哺乳期間可能遇到的難題以及最佳的處理方式，內容詳實且完整，是有志餵母乳的媽媽們不可或缺的哺乳指南。相信有了這本「母奶聖經」，哺乳之路將不再是「路障重重」。

生命中最美好的經驗

東森晚間新聞製作人、主播 盧秀芳

人跟人的緣分，有時眞的是很特別。譬如，我和資裡。

資裡的另一半是我的小學同學，也是我的死對頭，因爲他常常整我(雖然他堅稱沒這回事)。後來，再見面時，他成了懸壺濟世的醫生，還當了醫院院長。然後，某天他把他太太 — 資裡，介紹給我認識，一位同樣優秀的婦產科資深護理長。

我和資裡一見如故，無話不談，日子一久，漸漸成了莫逆，他的先生反倒成了「第三者」。

尤其是，在我升格當媽媽的過程中，資裡給了我極大的協助。還記得第一次懷孕時，心情非常緊張，動不動就CALL她問東問西，常常一天照三餐打。但，資裡總是不厭其煩的告訴我該如何處理，這當中當然也包括了餵母奶的問題。經過她的解說，不僅讓我減少初爲人母對餵母奶的生澀與痛苦，更增添了我餵母奶的興致。尤其女兒出生後有腸絞痛的問題，常哭得我們夫妻倆心神大亂，要不是有資裡做「後盾」，我這新手媽媽是不會這麼快就能熟稔勝任的。

耐心、細心、愛心，我在資裡身上感受到「視病如親」原來是一種眞切的態度，而非只是成語一句。當然，菩薩心腸的資裡，專業與專注更是她的強項，這也就是爲什麼所有認識她的人，對資裡都有著一份不知不覺的信賴感。

至於另一位與我緣分奇妙的，是我當成小妹的「君兒」。我認識的禮君，從學生開始起就極愛美！請注意我用「極」這個字。十多年前，我們一同到英國旅遊時，我便見識了她愛美的功力，往往我都睡了一大覺，可小姐她還沒完成她那偉大的護膚工程。

不過，當她決定要當媽媽的那一刻起，從不運動的「君兒」，可以為了孕育一個健康的生命，開始天天到健身中心報到，她愛孩子的心就與她愛美一般，全心全意，毫無保留。

對於她這樣的轉變，雖吃驚，卻也更相信「為母則強」的道理。特別是餵母奶這件事，曾一度讓她陷入兩難。但，隨著兒子的出世，她毫不猶豫選擇給孩子最好的——就是餵母奶。

如今這兩位與我「緣分」很深的好友要聯手出版這本《第一次餵母乳》，教導新手媽媽如何餵母乳。這本書對於初為人母普遍感到困擾的餵母乳問題，有極為專業而生動的解答，這也曾經是我的困擾，所幸當時有資裡的協助。圖文並陳，深入淺出，易讀且易懂。這本書的出版，對新手媽媽來說，真是一大福音，只要運用書裡面教導的小撇步，就可以少受許多罪，以最輕鬆的方式來餵母乳，母乳不只是媽媽給孩子最珍貴的禮物，也是女性生命中最美好的經驗，千萬不要因為困難而放棄囉！

給媽媽最溫暖的支持

黃資裡

我是一位護士，而且是一位喜歡當護士的護士；打從唸護理學校到從事護理工作，我從來沒有後悔過選擇這個行業，到目前為止，我仍然沒有想休息的念頭。

從事護理工作將近17個年頭，工作領域總是繞著產科打轉，接觸的個案都是從懷孕到生產，產後晉升當媽媽。「為母則強」這是一句我非常喜歡的話，看著初為人母的媽媽們個個懷著擔心、緊張、焦慮、徬徨甚至害怕的情緒，盼的只是希望寶寶平安健康長大；辛苦的媽媽總是過著蠟燭兩頭燒的日子，扮演著多重的角色：媽媽、老婆、媳婦、女兒、姐妹、同事、員工等，真的非常不容易。而在產後第一個面臨的大挑戰就是——餵母乳。

或許，大家會覺得餵母乳不是最自然的事嗎？還需要教嗎？我想，不少嘗試餵哺母乳的女性都知道這中間的很多甘苦，並非所謂「渾然天成」般的順利。換句話說，「知易行難」正是餵母乳的最佳寫照。每每看到媽媽們在做月子期間，吃不好、睡不好、情緒也不穩定，還要給寶寶最自然、健康的天然飲品——母乳，而把自己搞得身心疲憊、情緒低落、失去信心，甚至覺得自己無能，連寶寶都顧不好而自責。種種挫折與難題，都讓我相當的心疼，因為「苦撐」是這些媽媽們共同的感受，若不是有非常堅強的意志，可能早就餵不下去了！

或許，有些媽媽非常幸運，在餵母乳的過程中非常順利，但大多數的媽媽在一開始都是需要幫忙的，尤其是初爲人母。我常常花很多時間，一而再、再而三，透過產前教育給新手媽媽們充分的心理建設，以及生產時立即的協助與信心，還有產後持續的支持與關懷。不敢說我提供的幫助像強心針一樣，但絕對有正面效果。讓媽媽們不至於因爲「孤軍奮鬥」而放棄哺餵母奶。

俗話說，「有奶便是娘」，而我總是鼓勵媽媽們　，「是娘便有奶」。因爲，母奶是爲寶寶「量身訂做」的最好食物。其所含的營養成分最適合嬰兒吸收與消化，同時母奶的質與量會隨著嬰兒的日齡、月齡的變化而變化，意即，按其需要而變化。最重要的是，餵母奶的受益者不僅僅是寶寶，媽媽同樣好處不少。難怪新一代的明星與名媛紛紛表態要餵母奶，奧斯卡影后葛妮絲派楚更對媽媽親自授乳舉雙手贊成，甚至不介意在親友面前寬衣解帶餵寶寶。她說：「我很享受那種源源不絕餵食孩子的感覺。」

太多的有感而發，於是有了出書的想法，且得到秀芳的鼓勵、禮君的建議與另一半的全力支持及寶貝女兒的加持，加上少開的認同與協助，終於將耗時近兩年的書完成，希望藉著它，讓更多有心的母奶媽媽能輕鬆完成「哺乳大業」。

從無意到堅持

陶禮君

儘管有來自四面八方的訊息，宣示母奶的好處，然而，直到懷孕結束前的一刻，我仍然無意餵母乳。

理由只有一個，怕胸部變形，毀了上圍的線條。

是的，我是個無可救藥的皮相主義者（即使大腹便便，腦子裡在意的還是「漂亮」兩個字），雖不至於像藝人一樣，認爲雙峰是用來搶版面的，可是，也沒想過要拿來當寶寶的餐盒。

然而，改變往往就在瞬間，沒有理由，但，它就是發生了。

兒子出生後，我在醫護人員「關注的眼神」下，試著餵母奶。原以爲，只是做做樣子，沒想到，竟然樂在其中。過程裡，沒有我預期的抗拒與不耐，後來，才知道，那是天性，跟母愛一樣。

到現在，我都還清楚記得：兒子的臉頰，貼靠在我的胸前，菱形小嘴有韻律地一吸一縮，儘管，乳腺管還未完全通暢，乳汁分泌稍少，但，我感覺到一種難以言喻的滿足。我知道自己被他所需要，是個「貨眞價實」的母親。

攬抱懷中，他聽著我的心跳，我聞著他的氣息，餵奶的我與吸奶的他，無言卻幸福，屬於生命的喜悅。

美中不足的是，我的奶量始終無法配合我的哺乳大業，這才體會到母奶不像水龍頭一樣說有就有！

其實，在衆多相關的餵母乳論述中，多半是強調母奶的「天然」特性以及對孩子的「當然」好處。但，這個「天然」與「當然」，並不等於所有媽媽們都會成爲「自然」的奶水噴泉。

她們可能經歷了沒奶、脹奶、乳頭破皮、擠奶不便與餵奶辛苦等問題，換句話說，並非人人都可順利餵母奶。

我，恰好就是那個母奶難題多多的媽媽。不過，幸運的是，我遇上了資裡。因爲她，縮短了我兒子當奶瓶娃的日子。

資裡是那種「視病如親」的醫護人員，除了有經驗、有專業外，更難得的是，她總是帶著溫暖的笑，不厭其煩地爲媽媽們解決各種大小事。我常常想，她的愛心與耐心，是不是沒有用完的時候······

感謝老天爺，在給了我一個最好的禮物——兒子，同時還安排了一個天使——黃資裡，出現。

爲文寫序，希望與更多人分享：只要你信任自己的身體，選擇正確且適合自己的方式，努力餵，不氣餒，哺乳可以是一件簡單而美好的事。

第一次餵母乳

Contents

第一次餵母乳

Contents

大大有效的發奶食譜 115

母奶
媽咪給寶寶的第一份見面禮

❶ 母奶的好處

❷ 母奶的經濟價值

❶ 母奶的好處

老天爺賜給新生兒最珍貴的天然食物就是母奶，因為它所含的營養成分既完整且無可取代，同時會隨著新生兒的成長而變化，以適應寶寶每個階段發育的需要。

隨著科技的進步，不斷推陳出新的營養成分被添加到嬰兒奶粉（配方奶）中，嬰兒奶粉的品質也不斷地在進步。然而，母奶仍是最自然且最適合寶寶的食物。這也就是為什麼各廠牌的嬰兒奶粉盡其所能的要把自家商品「母奶化」，企圖做到接近母奶，以吸引消費者。只不過，嬰兒奶粉的成分再多、再好，也只能達到「近似」母奶的程度，卻絕對無法取代母奶的營養價值。

經過長時間的專業研究發現，幾乎每一個媽媽的奶水都能完全適合她的寶寶，例如：早產兒媽媽的奶水成分就與足月兒媽媽的奶水不同。同時隨著寶寶的成長，媽媽乳汁裡的成分也隨時在改變。然而，喝母奶除了對寶寶有好處，媽媽本身更受益匪淺，這使得母奶從「最理想」的嬰兒食品晉升成「最完美」的嬰兒食品。

For baby

喝母奶對寶寶的好處

母奶寶寶 = 頭好壯壯

增強免疫力，預防感染

每一滴母乳都含有數百萬個活性白血球，它是一群預防感染的抗體（特別是分娩後立即會分泌的「初乳」），媽媽可藉由奶水將這些重要的抗體傳給寶寶，提供天然免疫能力，讓寶寶比較有能力抵抗外來的感染，幫助抵抗各種疾病（如感冒、腹瀉、中耳炎、腸病毒等呼

喝母奶的孩子抵抗力好。

吸道與消化道疾病），通常，建議媽媽哺餵母乳至少6個月，甚至愈久愈好，因為這些抗體的作用會使寶寶的抵抗力比較好。

降低過敏，有助智力發展

新生兒的腸道是無菌的，加上免疫功能也比較不成熟，容易對食物及其他過敏原產生過敏。而母奶除營養價值高外，更含有母體的抗體，提供嬰兒腸道保護，並可中和外來蛋白，降低過敏機率。同時，對兒童期糖尿病、癌症以及鼻炎、氣喘等過敏性疾病亦相對減少。有研究指出：餵母乳超過4個月，且媽媽在哺乳期間配合避免食用高過敏性食物，可降低寶寶過敏的發生（由47%降為15%）。另外，母奶中含有必需氨基酸和脂肪酸，是嬰兒腦部發育的基本成分，一般說來，喝母奶的寶寶比喝配方奶的寶寶在神經發育、智力等方面發展較好。也因為如此，發生幼兒尿床的機率也大幅減少。

減少便秘，強化牙齦

母奶新鮮、無菌且均衡，所有營養成分直接供給寶寶，不像牛奶在加溫或沖泡過程中可能喪失某些營養成分，所以可避免寶寶發生營養不良或營養過剩的情形，加上好消化吸收，因此較不會脹氣或腸胃不適，當然也較不易便秘。此外，寶寶吸吮母奶時可增加口腔運動（寶寶喝母奶可充分運用上下顎、嘴唇及雙頰的肌肉、神經，高達15~20對之多，日後咀嚼能力會較強，有別於奶瓶喝奶時只動動嘴唇），使寶寶牙齦強壯、臉型完美，有助於寶寶日後進食副食品及語言發展。並可加速耳咽管關閉，降低中耳炎的發生。

建立甜蜜的親子關係

哺乳是母嬰關係裡一種很甜蜜且重要的經歷。透過餵奶的過程，寶寶

親自哺乳會使親子關係更甜蜜。

呼吸著媽媽的氣息，感覺如同仍在腹中般的安全感，且藉由媽媽懷裡的安撫，寶寶得到溫暖與滿足，使母嬰之間產生「一體」的情懷，有助兩者建立起一種親密有愛的關係，而這樣的關係將會一直存在於親子中，且延伸至未來，對人際互動與人格發展具有正面意義。

餵母奶對媽媽的好處

母奶媽媽 ＝ 又瘦又美

幫助產後身材的恢復

根據統計，餵母奶一天媽媽約可消耗400~1,000卡熱量（一般上班族，一天所需的熱量約1,200~1,500卡熱量，換句話說，餵母奶兩天就等於消耗掉一天的熱量），只要配合適當的飲食就可很快恢復窈窕身材。

要想迅速恢復窈窕身材，餵母奶幫你消耗熱量。

可自然避孕，降低乳癌發生比例

餵母奶不僅產後惡露排空的速度較快，由於催產激素的作用，可促進產後子宮收縮，促使子宮盡早復原，減少母親產後出血，降低貧血可能。另外，還可抑制排卵，延長產後無月經的時間，達到自然避孕的效果。同時，因為荷爾蒙分泌正常，所以較不會有停經前之乳癌或卵巢癌的發生以及停經後骨質疏鬆症等情況。

❷ 母奶的經濟價值

母奶唾手可得，不需要花錢買，且不需要沖泡、消毒等麻煩程序，又經濟又方便。很多給寶寶喝奶粉的媽媽，要帶孩子外出時，便得奶粉、奶瓶、熱水大包小包帶一堆，如果是出遠門，還得配上個消毒鍋。另外，喝母奶無需消耗資源，且減少廢棄物的產生，進而達到環保的目的，何樂不為呢！

說到錢，就是個再現實不過的事了，而有了孩子更是需要精打細算，把錢花在刀口上。現在，將這些好處換算成實際數字，看，真是一筆可觀的金額啊！

讓我們來算算喝母奶到底可以省下多少錢：

省錢項目	計價方式	合計
配方奶粉費（1年份）	500元×4罐（每月） ×12月	24,000元
喝奶粉所需相關用品	奶瓶、消毒鍋、調奶器	11,120元
營養補給品（鈣粉、維他命 ）	每月約1,800元×12月	21,600元
媽媽減重費用	1公斤1萬元　10公斤10萬元	100,000元
補習費（喝母乳的寶寶IQ高）	孩子為了升學及課業而來的補習	1000,000元
牙齒矯正		100,000元
帶孩子看病	醫療費用、來回奔波、請假	無價
媽媽身體健康		無價
家庭氣氛好、親子關係佳		無價
總計：1,256,720 元，加上3個無價		

認識母乳

❶ 無與倫比的最佳配方

母乳有適當且均衡的蛋白質、碳水化合物、脂肪、核苷酸、維生素與礦物質，以下是母乳的主要營養成分：

母奶成分表

營養組成	優點
乳糖	乳糖是一種對大腦發育相當重要的碳水化合物，母乳含100%的乳糖，不但可在寶寶體內分解成半乳糖，更容易吸收，並提供熱量，還可以在寶寶的腸道分解成乳酸，抑制有害細菌，幫助鈣質的吸收。
蛋白質	母乳的蛋白質組成是以乳清蛋白為主、酪蛋白為副，即乳清蛋白：酪蛋白＝60：40。乳清蛋白的優點是可以在胃中形成細柔的凝乳塊，寶寶容易消化，且大多數可被人體完全吸收。 ❤ 含有多種抗感染的蛋白質如：乳鐵蛋白——可抑制細菌的生長；溶菌酶——可直接殺死細菌；免疫球蛋白——增加寶寶的抵抗力；益生菌（比菲德氏菌、乳酸桿菌）——增強腸內的免疫機制，降低寶寶過敏機率；生長因子——促進睡眠，幫助寶寶快快長大。
脂肪	❤ 母乳中的脂肪，富含脂肪酶，可幫助脂肪的消化，使脂肪幾乎被完全吸收；而配方奶中不含這種酵素，所以，偶爾會在寶寶糞便中發現未完全消化的白色脂肪粒。 ❤ 含有多種不飽和脂肪酸（DHA或AA），可幫助寶寶腦部及視網膜發育。 ❤ 含有人體所需要的膽固醇，膽固醇及DHA是提供身體及大腦發育的重要成分，若缺乏會導致心臟及中樞神經疾病。 ❤ 可隨寶寶的年齡增大而自動調節脂肪含量，隨時符合寶寶的需求，不至於過多或缺乏，恰到好處。
牛磺酸	母乳中所含的牛磺酸可幫助脂肪的消化吸收，有助寶寶中樞神經系統及視網膜的發育。
核苷酸	母乳中含有具重要生理功能的5種核苷酸。核苷酸是人體中掌管遺傳的重要成分——DNA、RNA的基本元素，對體重不足的寶寶的成長發育有所助益。
維生素	❤ 維生素A——有抗氧化作用、調節細胞生長、促進骨骼及牙齒正常生長、幫助寶寶的視覺發展及增強免疫能力。 ❤ 維生素C——母乳中含有豐富的維生素C，吃母乳的寶寶不需額外添加，它有強化免疫能力，減低過敏症狀，也與神經傳導及細胞生長有關。 ❤ 維生素B群——母乳中有均衡的維生素B群，可幫助體內各種酵素的轉換，缺乏時可能導致生長遲緩、神經病變及惡性貧血等問題。

營養組成	優點
胡蘿蔔素	母乳（尤其是初乳）含有豐富的β胡蘿蔔素，可在體內轉換為維生素A，具有強大的抗氧化功能，對寶寶的視覺發展十分重要，且可維護寶寶的細胞及組織健康成長，讓寶寶有較好的抵抗力。
礦物質	❤ 鐵——母乳中的鐵50~75%可被吸收，可滿足寶寶最初4~6個月的需求，可預防缺鐵性貧血的發生，更能幫助寶寶智能正常發展。而添加的鐵使某些細菌容易生長，而增加感染機會。 ❤ 鈉——母乳的鈉含量低，可減輕寶寶的腎臟負擔，攝取鈉含量高的食物可能導致高血壓的發生。 ❤ 鋅——與生長發育及皮膚的健康有關。缺鋅會導致生長遲緩，也會造成皮膚、腸道黏膜、免疫系統的受損 ❤ 鈣——鈣對於新生兒智力發育與神經系統十分重要，缺鈣更會影響寶寶的智力發展，而缺鈣的新生兒免疫系統較差。 ❤ 硒——是一種抗氧化酶，缺硒會造成微血管脆弱，也容易引起肌肉無力，心臟受損。
味道	母乳的味道會隨著媽媽飲食而有所變化，可增進寶寶的新鮮感及幫助寶寶提早適應家庭中食物的味道，有利於6個月後副食品添加的順利，而配方奶的味道卻是一成不變的。

母奶與其他乳品的比較表

奶水中的鐵

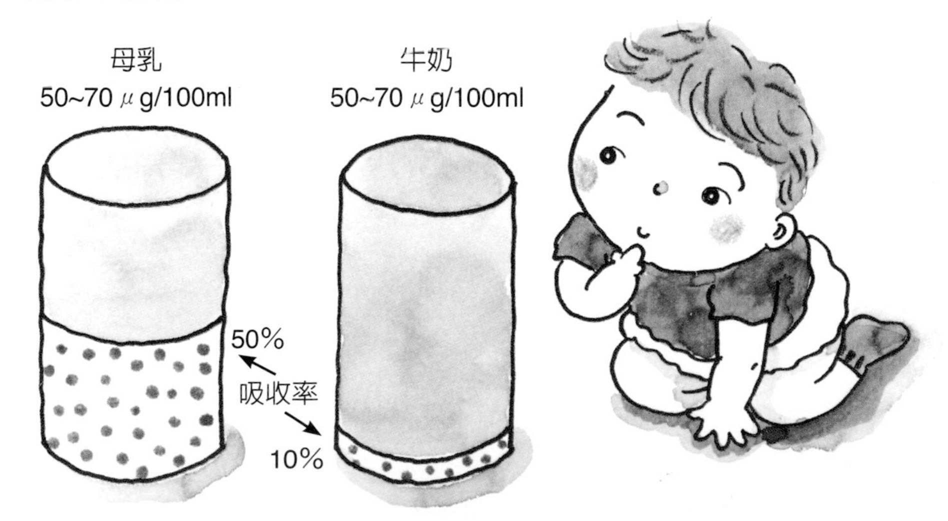

奶水有什麼不同

母乳中適量的蛋白質，讓寶寶可以完全吸收，並且不會增加腎臟負荷。

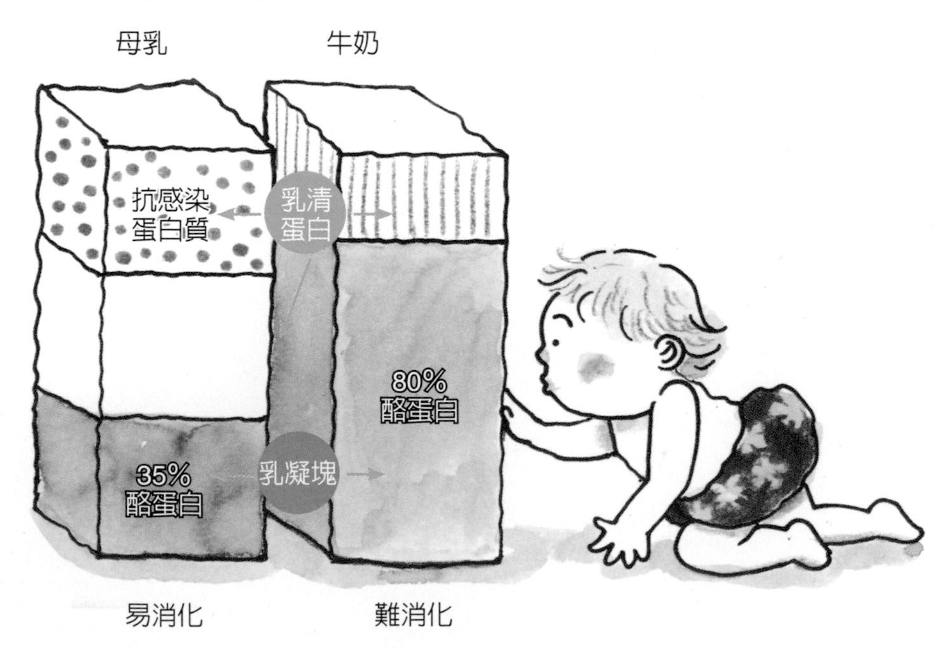

❷ 乳汁是如何產生的？

乳房構造圖

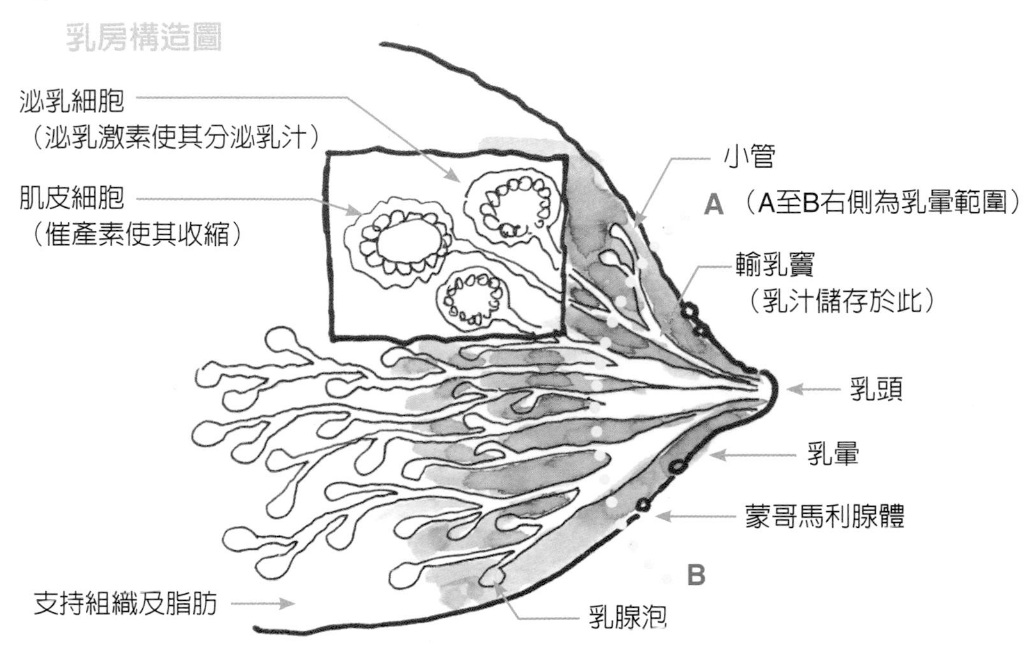

乳汁的產生，是胎盤剝離後，刺激腦下垂體分泌大量的泌乳激素及催產素而來的。它的產生可分為兩個階段，一是乳汁的製造，二是乳汁的排出。

當寶寶在吸吮乳房時，會刺激大腦的腦下垂體前葉，促使泌乳激素的分泌，而泌乳激素經由血液送達乳房，使乳房中的泌乳細胞製造出乳汁。於此同時，大腦的腦下垂體後葉，則分泌催產素，催產素經由血液傳送到乳房，使乳腺泡周圍肌肉及輸乳管壁上的細胞收縮，經由輸乳管道輸乳，進而使乳汁容易經吸吮而排出。

由此可見，母乳的產生是要媽媽及寶寶共同努力的。也就是說：從懷孕的乳房變大，乳腺組織增生時，媽媽為寶寶所建蓋的「專屬母乳餐廳」就已經完工了，然後等媽媽生產後，寶寶開始吸吮乳房時，才開始「正式營業」！

在懷孕的時期，乳房不斷地變大，看上去，好像裝了很多乳汁的樣子，但實際上在孕期的乳房是不會分泌乳汁的（除非中止懷孕，並開始吸吮乳房）。

有少數的媽媽在孕期洗澡時、或刺激乳頭時，會出現少許的乳汁在乳頭上，那是正常的，請媽媽不要因為好奇，就刻意去擠它，小心因為過度刺激乳頭而導致子宮收縮的危險，甚至引發早產。到時候，可就真的會開始分泌乳汁了。

其實每位媽媽從懷孕經過生產到產後哺餵母乳，99%的媽媽都能正常分泌乳汁——經過寶寶的吸吮，乳房便會開始分泌乳汁。由於嬰兒吸吮乳房直接關係著乳汁的形成和乳汁分泌量的多寡，所以正確餵奶的流程，不是等產後有乳汁分泌才開始哺乳，應該是藉由寶寶的吸吮，乳房便會開始分泌乳汁。這也就是為什麼愈早開始哺乳，乳汁才會愈早分泌，也同時說明了「產檯即刻吸吮」的重要性。

何謂「產檯即刻吸吮」，有什麼好處？

新生兒剛出生時，就好像是剛坐完雲霄飛車似的，此時的寶寶是處於一種安靜的警戒狀態。眼睛睜得大大的，注意力非常集中，正是媽媽與寶寶情感交流最佳的時刻！若能在產後讓寶寶即刻吸吮乳房，不但讓寶寶可以吸到媽媽的「超級營養品」——初乳，內含有超豐富的抗體，且能因為吸吮的動作，刺激催產素的分泌，而使子宮收縮，減少產後出血的可能，加速子宮恢復回生產前的大小。換言之，產檯上即刻吸吮能創造媽媽與寶寶之間極其奧妙的互動。另外，有研究指出：產檯上即刻吸吮（皮膚對皮膚的接觸），能使足月嬰兒出生後體溫盡快上升（維持在37°C），同時血糖質較穩定，寶寶哭鬧機會比較低。

泌乳激素與催產素

懷孕時，媽媽身體內的荷爾蒙會自動改變，為餵母乳做準備，所以生產後，有兩種反射作用（泌乳反射與噴乳反射）能夠讓媽媽提供適當的奶水給寶寶。

這是腦下垂體分泌的一種荷爾蒙，它能刺激乳房中的乳腺細胞分泌奶水。寶寶吸吮媽媽的乳房時，會刺激乳頭的神經，這些神經會傳導訊息到大腦，從而製造泌乳激素，並分泌奶水給寶寶。所以，寶寶吸得愈多，媽媽分泌的奶水也愈多；反之，若寶寶吸吮的愈少，媽媽分泌的奶量也會降低，一旦嬰兒不吸吮母親的乳房，母親就會停止製造奶水。

泌乳激素

一般說來，泌乳激素在夜晚分泌得較旺盛，甚至有研究指出，凌晨3、4點鐘可能是分泌的高峰期，因此只要寶寶想吃，媽媽應該持續在夜晚餵母奶，尤其是寶寶剛出生的2、3個月之內，因為在這段期間是嬰兒與母親建立穩定的奶水供需的關鍵期。

泌乳激素

在餵食後分泌以製造下一餐

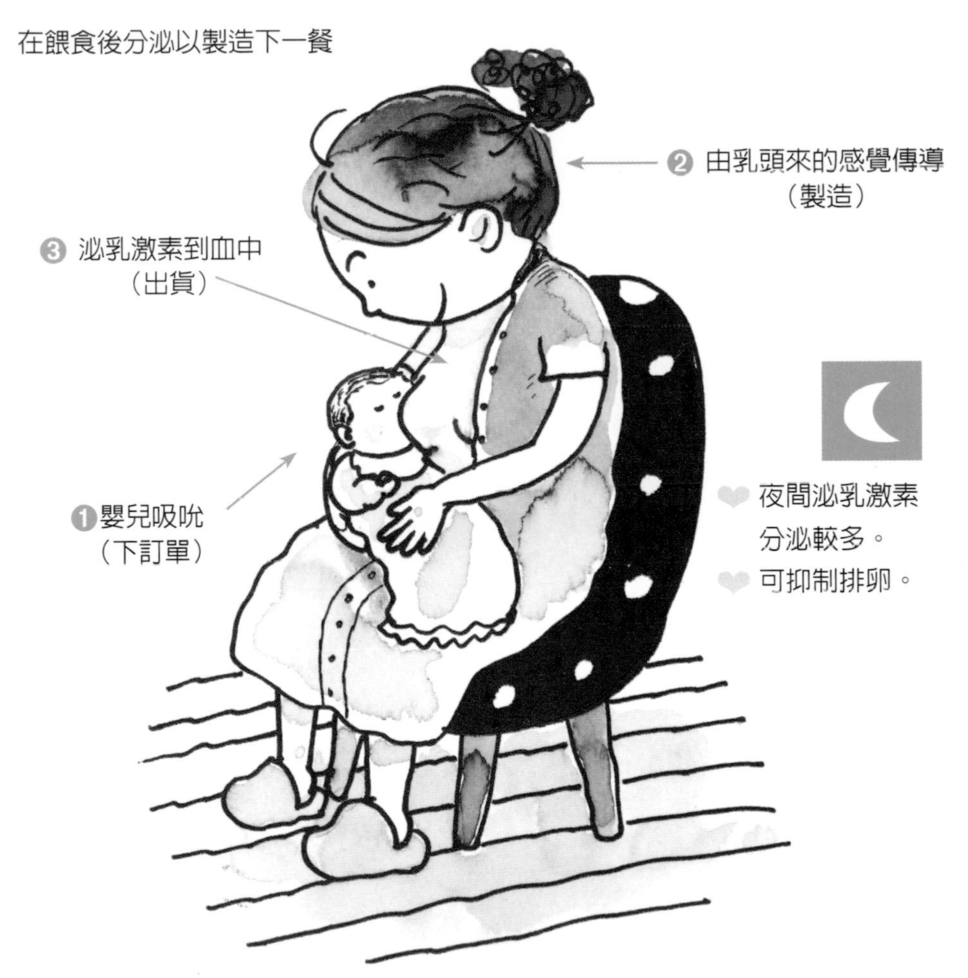

夜間泌乳激素分泌較多。

可抑制排卵。

這種荷爾蒙的作用在於幫助奶水噴出乳頭，可稱之為「催產反射」或是「噴乳反射」，催產素能夠讓乳腺周圍的小肌肉細胞收縮，讓奶水從乳頭流出來，進而幫助嬰兒得到充分的奶水。因此，噴乳反射又稱為「奶陣來了」。

由於噴乳反射很容易受媽媽的感覺、想法、情緒所影響，所以當媽媽抱著寶寶，看著他可愛天使般的臉龐，發現寶寶正在找奶喝的動作出現時，往往可以激起蓄勢待發的噴乳反射，讓乳汁就像噴泉般地一湧而出。相反的，若媽媽對寶寶的想法是負面的（例如：不滿意寶寶的性別），或者媽媽身體疲憊、沒有適當的休息、壓力過大、缺乏自信（擔心乳汁不足）等，都會影響噴乳反射，導致奶水大量減少。所以，媽媽在餵母乳期間，要記得保持身心愉悅，才能讓乳汁多又多！

噴乳反射：1

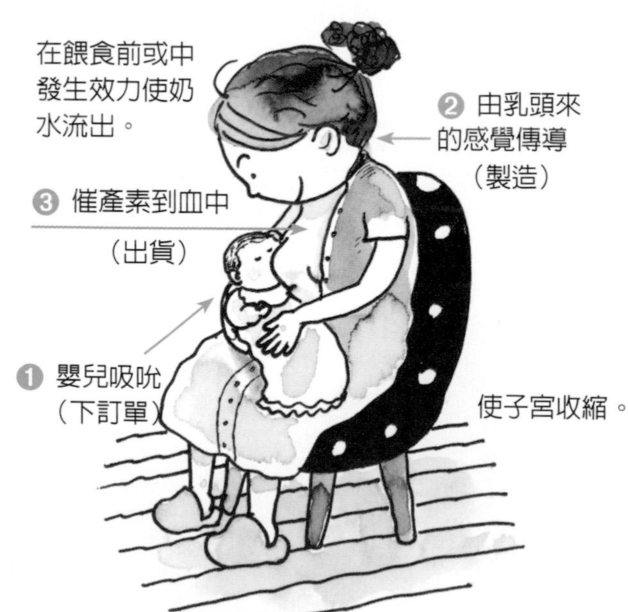

噴乳反射：2

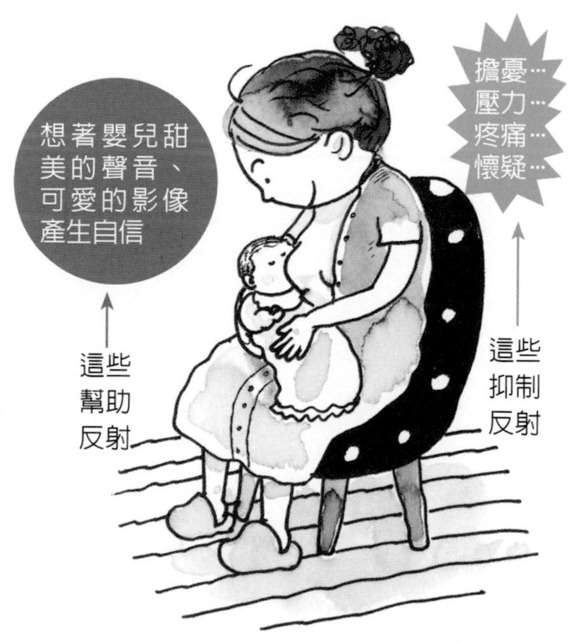

另外，在餵奶前喝一杯溫熱的飲料或熱湯，以及熱敷乳房或溫水淋浴等都是不錯的方法。至於背部的按摩，可以大拇指沿著脊椎兩側環形按摩，以媽媽覺得舒服的力道即可，或者將身體向前傾斜，輕輕左右 搖晃乳房，藉由地心引力的協助，幫助奶水噴出。

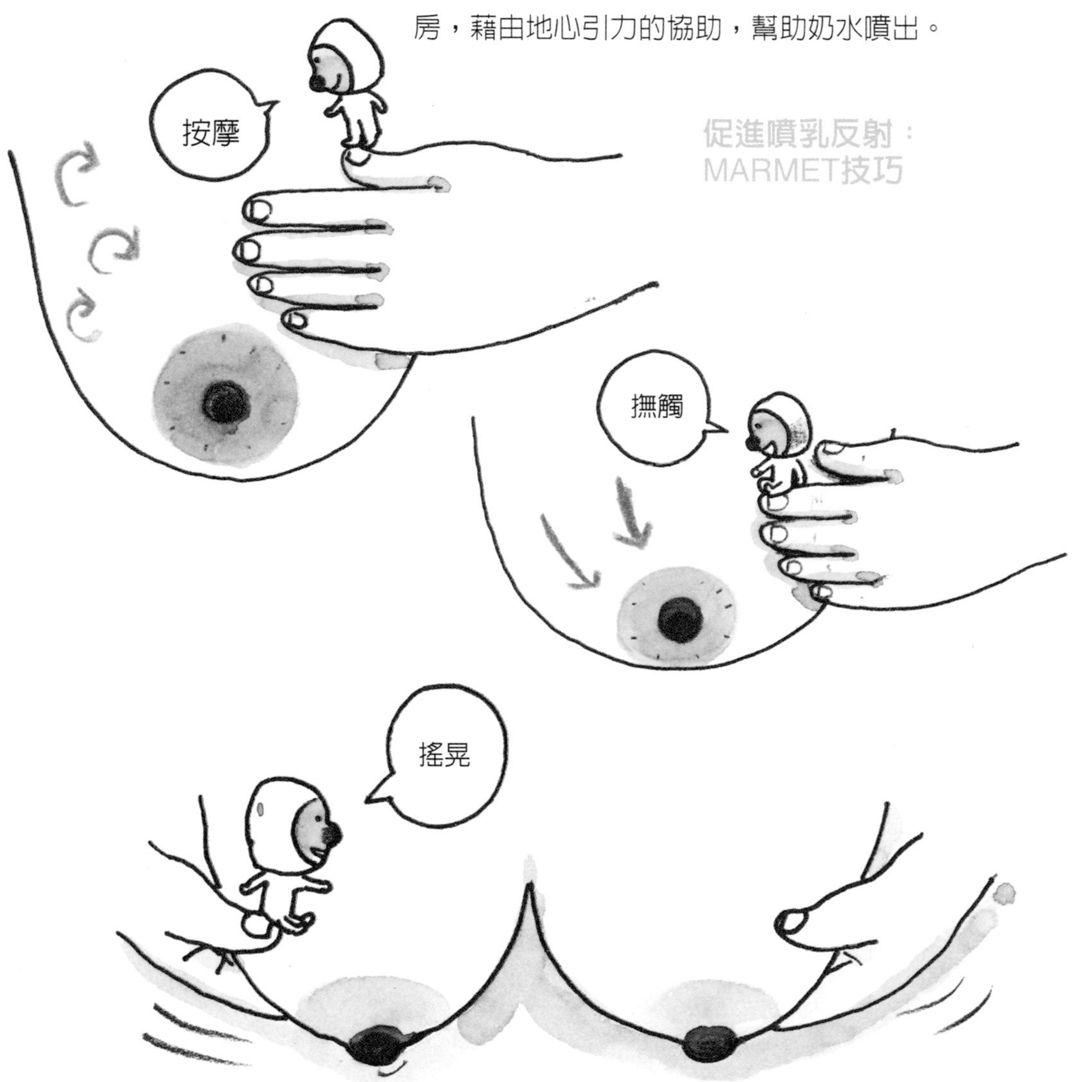

❸ 母奶內容大不同

何謂初乳？

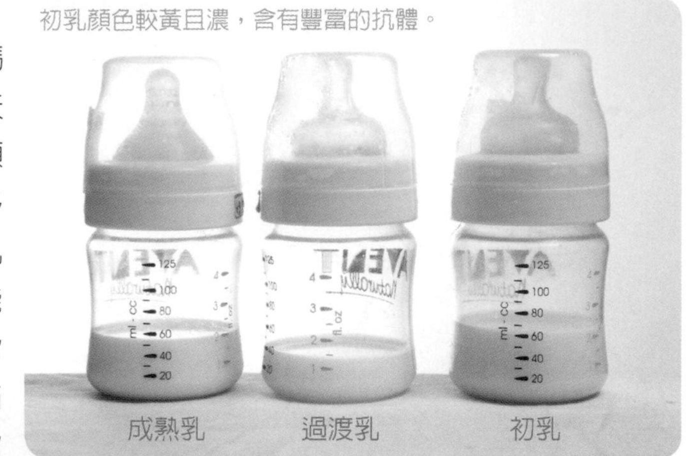

初乳顏色較黃且濃，含有豐富的抗體。

初乳是哺乳媽媽生產後的頭幾天所製造的乳汁，顏色較黃且濃。大多數的媽媽使用吸乳器擠了很久，可能只有1~5c.c.，常會讓躍躍欲試、滿懷期待的媽媽非常沮喪，而影響情緒及失去哺乳的信心；初乳的量雖然不多，但卻足以提供寶寶頭幾天足夠的營養及熱量。

通常，產檯上即刻吸吮，可讓寶寶立即喝到第一口初乳，就好像幫寶寶注射了一劑免疫球蛋白，為寶寶打造第一道防線，接下來母嬰同室更是不可或缺的重要過程，唯有如此才能確保寶寶獲得全部的初乳。

何謂成熟乳？

生產過後幾天，初乳慢慢的由過渡乳轉變為成熟乳，其過程約7天。隨著寶寶的成長，乳汁的成分會有不同的變化，唯有母乳才能夠如此，無論是早產兒、足月兒，皆能滿足寶寶的需求。成熟乳的奶量最大，能使乳房感覺充盈，讓媽媽有「奶水來了」的感覺，使媽媽能明確的看到乳汁流出，信心大增。成熟乳中含有最適合寶寶的蛋白質，好吸收的脂肪，更多的乳糖，更有豐富的維他命及礦物質等營養素。成熟乳配合著寶寶的需求來分泌，寶寶有效吸吮次數越多，乳汁分泌就越多，一般而言，寶寶6~12周大時，乳汁的分泌量能達到最平衡的狀態。

何謂前奶、後奶？

母乳就好比神祕的魔術師似的，他就躲在媽媽的身上，隨時觀察寶寶的狀況，因應不同的時間、需求，變出不同成分的母乳。每一次的哺乳、甚至一天中不同的時段所分泌出來的乳汁，成分也不同，這就是母乳神奇之處。

前奶指的是：在同一次的哺乳過程中，剛開始製造出來帶點「藍色」的奶水；含有脂肪、蛋白質、乳糖、較多的水分及其他營養素。

後奶指的是：在同一次的哺乳過程中，後面製造出來奶水；後奶含有較多的脂肪、蛋白質、乳糖、水分及其他營養素，較多的脂肪使後奶看起來顏色較前奶濃白。

然而前奶和後奶是沒有明顯的區隔，在每次哺乳的過程中，脂肪的含量是慢慢的增加，若真的要給媽媽一個準則，那麼，可以說：哺乳開始的10~15分鐘稱為前奶，其後稱之為後奶；不過，因為每位寶寶的吸吮能力及強度不同，所以無法完全用時間來界定。吸吮能力強的寶寶，能夠很快的就讓脂肪濃度增加；而吸吮能力差或含乳含得不好的寶寶，可能需要花比較長的時間才能喝到較多的脂肪。

然而，最重要的是：要確定寶寶確實有吸到乳汁，每次吸吮的時間越長，越能確定寶寶吸到足夠的脂肪（每次吸吮時間盡量不要超過40~60分鐘，否則可能會導致媽媽及寶寶過於疲憊）。一般而言，不要讓寶寶太快更換到對側乳房，否則可能換來換去吸到的都是前奶；可以每次只餵一側乳房，直到寶寶自己滿足得鬆口，自然離開乳房為止。

媽咪的乳房變化

❶ 懷孕期的乳房變化

❷ 脹奶是什麼樣的感覺？

❶ 懷孕期的乳房變化

自受精卵著床於子宮內膜的那一刻，也就是懷孕的開始，便會分泌各種的荷爾蒙，接著促使胎盤的形成，以提供胎兒在子宮內的發育與成長一直到出生。這些荷爾蒙的分泌量約為平時的20倍，而荷爾蒙的分泌使孕婦的身體、乳房甚至心理都產生了微妙的變化。

就乳房本身而言，乳房中的乳腺管、乳腺泡等乳腺組織迅速增加，乳房隨之變大，乳房的血管也會增生使得懷孕時的乳房是平時的兩倍。這個現象是為了產後餵奶所做的事前準備。此外，不但乳房變大，乳頭及乳暈也會隨之變大，再加上黑色素沉澱，乳頭及乳暈可能會變為茶色或淡咖啡色，且乳暈上會出現些許小而白色凸起的皮脂腺（又稱蒙哥馬利腺體，此皮脂腺會分泌脂質，以保護乳頭及乳暈），有些人可能會誤以為是粉刺或青春痘，千萬別動手擠它。

但也有媽媽的乳房在整個懷孕過程始終如一，沒有變大，別擔心！乳房的大小與乳汁的多寡沒有關係，乳房不在乎大小，只在乎技巧，只要媽媽們掌握哺乳技巧，就一定會成功。

由於懷孕時乳房變大，媽媽可能會更換2～3次內衣，愈換愈大，愈換愈有成就感。但在乳房變大的這段期間，準媽媽得注意以下的提醒：

❤ 記得隨著乳房變大而隨時更換適當材質舒適的內衣，以避免胸部因擠壓而變形（外擴、下垂）。

❤ 在乳房變大的同時，很有可能產生胸部的妊娠紋（別以為妊娠紋只會出現在肚皮上），所以在抹妊娠霜時，除了肚皮、大腿外，乳房也是很大的重點。

❤ 因為乳房變大、皮膚擴張，有時會使乳房周圍皮膚奇癢難耐，此時，切勿用手抓，教你一個小祕訣，可用冰塊來回抹在搔癢處（將衛生冰塊5~10個置於塑膠袋中，加少許的水，再包一層棉質手帕 ），藉著冰涼的感覺來改善搔癢的不適。若實在無法忍受，可告知產科醫生，開點止癢藥膏備用。總之，就是別拚命抓，因為懷孕時皮膚受到過度的外力刺激會加速黑色素的沉澱，到時候，別人懷孕只有乳暈變為茶色或淡咖啡色；而經不起癢的你，則可能整個乳房都變成了咖啡色（當心製造出天然的拿鐵咖啡喔）。

❷ 脹奶是什麼樣的感覺？

當乳汁開始分泌時，乳房會變得比較熱、重且疼痛，甚至如石頭般硬。這樣的腫脹是因為乳房內乳汁及結締組織中增加的血量及水分所引起的，當媽媽在寶寶出生後沒能及早開始餵母奶，或間隔時間太長才餵，使乳汁無法被完全移出，就會讓乳房變得腫脹且疼痛。很多媽媽誤以為等到有脹奶的感覺才開始餵母乳，那麼導致乳房腫脹如石頭，無法穿胸罩支撐，造成舉手、側臥、走動，甚至抱寶寶餵奶等牽動乳房肌肉的動作就疼痛不已，難以忍受，影響餵母乳的過程及情緒。

要預防乳房腫脹的最好方法，就是及早讓寶寶開始吸吮，在出生2小時內開始餵母奶，愈勤快愈好（約2～3小時1次），以便排出乳汁，使乳腺管通暢，如此，較不易產生脹奶。

當乳房發生腫脹時，會迫及乳腺管，而使乳汁較不易流出，此時，餵奶前可先熱敷乳房，而餵奶時，手以C形握住乳房，先往胸壁壓，再以大拇指及食指壓住乳暈，擠出一些乳汁，使乳房變軟後，再讓寶寶吸吮。萬一寶寶不肯吸奶時，得幫助媽媽將乳汁擠出（可用擠奶器），以減輕脹奶的不適。 媽媽在餵完奶後，脹奶的感覺通常會減輕，乳房會變軟，感覺也會比較舒服。

如何餵奶？

❶ 觀察寶寶反應

❷ 餵奶的姿勢及吸奶的方式

❸ 如何判定寶寶是否吸到奶

❹ 特殊情況的餵哺

❺ 餵母奶該準備的用品

❻ 母奶該怎麼保存？

❶ 觀察寶寶反應

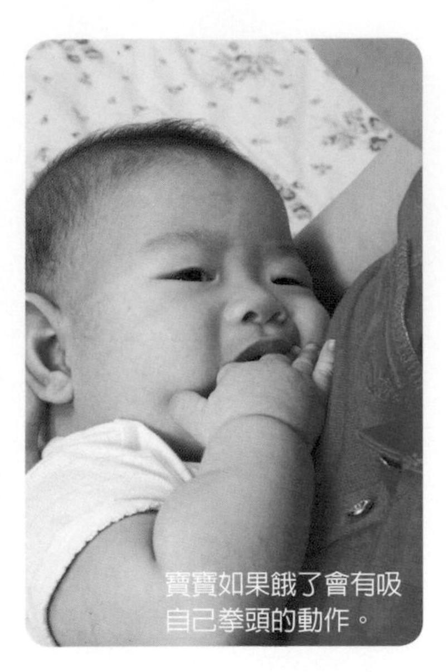
寶寶如果餓了會有吸自己拳頭的動作。

餵奶前，先判斷寶寶餓了沒有？

寶寶若餓了，嘴巴可能會出現吸吮的動作，或是吸自己拳頭的動作。另外， 以手指碰觸寶寶的嘴角，如果寶寶有吸吮的反應，或臉部偏向受碰觸嘴角的一側，就表示肚子餓了，此即所謂「尋乳反射」。接著，檢查尿布是否乾爽，因為讓寶寶在最舒適的情況喝奶，可促進他的食欲。另外，吸引寶寶吸奶的方法，可先擠出幾滴乳汁在乳頭上，增加寶寶吸吮的意願。

❷ 餵奶的姿勢及吸奶的方式

❤ 餵奶前，雙手應先洗乾淨，乳房稍微擦拭即可，然後記得讓自己有個舒服的姿勢，或躺或坐皆可，如果是坐姿，最好是有靠背、扶手的椅子，腰後及腿上放靠墊支托，以及高矮適中的擱腳處。通常，會建議月子媽媽盡量採側臥姿勢餵奶，比較能輕鬆舒適的餵奶。

❤ 餵奶時，媽媽將寶寶抱在胸前，使寶寶的胸腹部貼著媽媽的胸部，並將寶寶的口唇和媽媽的乳房維持在同一水平上，使其能含著整個乳頭及大部分乳暈；必要時可用另一側手扶著乳房，以大拇指和食指，把乳頭稍微放置在寶寶的上唇人中，靠近鼻子的地方，讓寶寶可以聞到母乳的味道，誘發寶寶的食慾進而使寶寶張大嘴巴，含住大部分乳暈。要注意：在抱寶寶的同時，千萬不要強制壓迫寶寶的頭來吸吮乳房，而是應該支撐著寶寶的頸部及頭部，使寶寶的頭部有些許空間可以自然地往後伸展，才有機會將嘴巴張得更大，更容易含得好來大口大口的喝母乳。

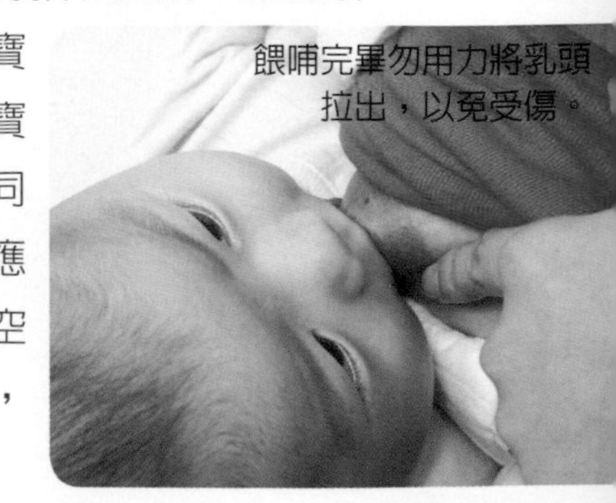
餵哺完畢勿用力將乳頭拉出，以免受傷。

❤ 常更換不同姿勢餵奶，例如：搖籃式、橄欖球式。

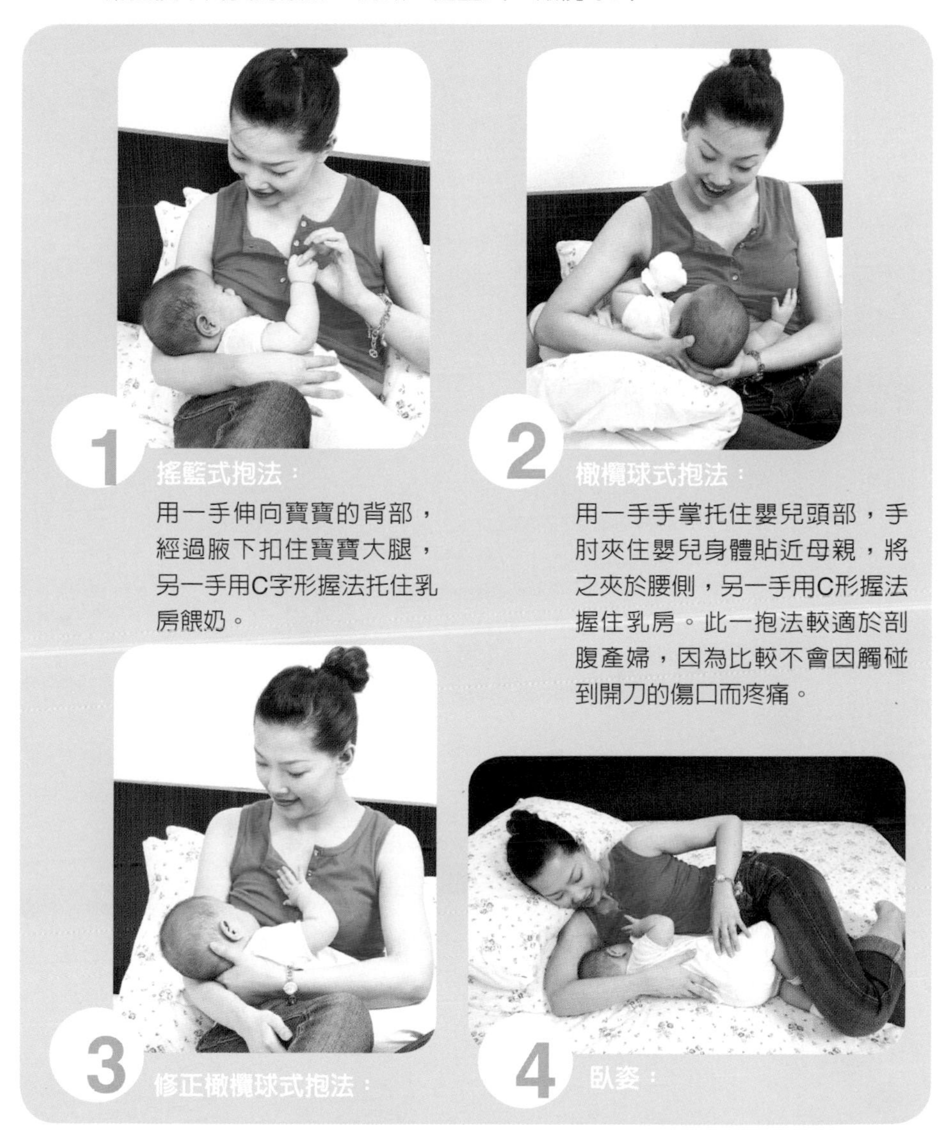

1 搖籃式抱法：
用一手伸向寶寶的背部，經過腋下扣住寶寶大腿，另一手用C字形握法托住乳房餵奶。

2 橄欖球式抱法：
用一手手掌托住嬰兒頭部，手肘夾住嬰兒身體貼近母親，將之夾於腰側，另一手用C形握法握住乳房。此一抱法較適於剖腹產婦，因為比較不會因觸碰到開刀的傷口而疼痛。

3 修正橄欖球式抱法：

4 臥姿：

❤ 每次餵奶時，最好兩邊乳房換著餵，也就是每次餵奶採交替方式，如這次先餵左側，則下次從右側開始餵。且每邊乳房至少要餵10~15分鐘，寶寶才能吸吮到足夠的乳汁，而媽媽也才不會有一邊乳房特別腫脹的感覺。

❤ 每次餵奶後，媽媽可將未餵食寶寶的一側乳房中的乳汁以吸乳器擠出後保存，這也是使乳汁大增的好方法。

❤ 如果奶脹得很厲害時，寶寶無法含住乳暈，可先將乳汁擠出一些或熱敷乳暈處，待乳暈處較柔軟時再讓寶寶吸吮。

❤ 當餵飽時，寶寶通常會很滿足地自然鬆開；若有需要將寶寶分開時，要溫柔的用另一側的手指在寶寶嘴角邊壓下去，或伸入嘴角以手指保護乳頭，讓寶寶停止吸奶動作再輕輕的拉出乳頭（若直接用力將乳頭拉扯出來，很可能會使乳頭受傷。宛如易開罐原理）。

❤ 哺餵時，應注意寶寶的呼吸是否通暢，如果擔心乳房阻礙了寶寶的呼吸，可用指頭將乳房壓離寶寶的鼻子。不過別太擔心，聰明的母乳寶寶，通常會自動調整出適當的方位來吸奶，絕不會讓自己無法呼吸的。

❤ 餵奶後，可讓嬰兒坐直或趴在媽媽肩上，由下而上輕輕叩拍背部排氣，以免打嗝溢奶。不過，大部分吃母乳的寶寶是不會吸進很多空氣的。

基本的排氣法有3種：

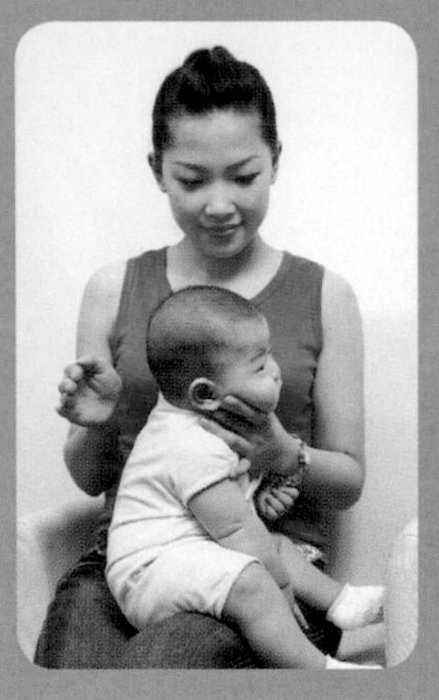

1 托住寶寶的下巴和前胸，並且讓寶寶呈直立坐姿坐在媽媽的大腿上，另一手將掌弓著，由下往上叩拍背部。

2 托著寶寶胳肢窩的位置，使其前臂支撐寶寶頭部，用弓著的手掌，由下往上拍背。

3 將寶寶抱起，讓寶寶側靠在媽媽的肩膀上，排氣前先放置塊小布巾在肩上，以防寶寶吐奶。排氣時一手托住寶寶的屁股，另一手弓著手掌由下往上拍背。此時注意必須將寶寶的臉側擺，以免因毛巾阻塞口鼻而造成寶寶窒息。

❸ 如何判定寶寶是否吸到奶（如何判斷正確含乳方式）

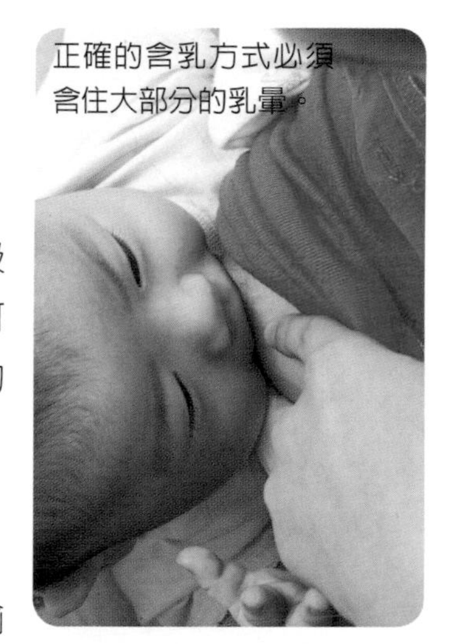

首先媽媽要有個正確的觀念是：寶寶是吸吮「乳房」，而不是吸吮「乳頭」。所以我們可以從寶寶的臉頰、嘴唇形狀、舌頭位置及吸吮的聲音、吞嚥動作，來判斷寶寶是否有吸到乳汁。

外觀部分：

❤ 小寶寶可以含入大部分的乳暈，包括輸乳竇（乳暈及皮膚交接處）。

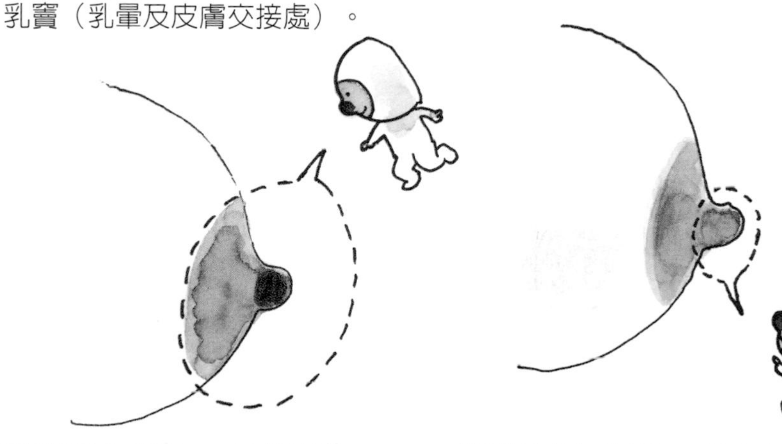

寶寶是吸吮「乳房」（含住乳暈）。　　寶寶不是吸吮「乳頭」（沒有含住乳暈）。

❤ 寶寶的嘴巴張得很大，上、下嘴唇外翻（類似魚嘴巴）。

❤ 下巴可盡量貼近乳房。

❤ 寶寶身體呈一直線，身體盡量貼近媽媽的腹部。

❤ 寶寶臉頰沒有呈現出凹陷的酒渦。

舌頭位置：

❤ 寶寶的舌頭伸長，超過他的下牙齦，並且位於輸乳竇下方。

❤ 有研究指出，寶寶的舌繫帶過短（舌頭伸出像烏魚子），會影響寶寶的含乳及吸乳動作。

❤ 常有些媽媽會趁寶寶張嘴哭時，把乳房塞進寶寶嘴裡，要注意此時寶寶舌頭是頂住上顎的，無法吸吮。

❤ 寶寶的舌頭捲成杯狀，包圍著乳房組織。

吸吮的聲音：

❤ 寶寶吸吮時會發生深而慢的吞嚥聲（一口氣吞下多量水的咕嚕聲），而不是快而深的嘖嘖聲（媽媽可以試著自己喝一大口水，體會一下）。

❤ 寶寶吸吮時的動作是：吸－停（吞），吸－停（吞）；寶寶若是吸個不停，媽媽應該重新確認寶寶是否有正確含乳。

如果寶寶在吸吮時，媽媽可以做到上列的觀察，且都能符合，那麼就能證明寶寶是有吸到乳汁的。

❹ 特殊情況的餵哺

什麼時候不能餵母奶

❤ **仍然可以餵母乳的情況**：B型肝炎帶原者、奶量不足者、感冒、身體虛弱者。

❤ **不適合餵母乳的情況**：愛滋病患者、使用抗癌藥物者、藥物濫用、半乳糖血症及氨基酸代謝異常的嬰兒等。

特殊寶寶的餵哺

早產兒（低體重兒）

母奶最令人感到神奇之處，就是它的成分會隨著寶寶的需求而改變，因此，早產兒媽媽分泌的乳汁比一般媽媽的乳汁更適合早產兒。

通常，早產兒腸胃功能較差，吃奶粉會不適應，容易發生脹氣、腸絞痛等，而早產兒媽媽的母奶中有增強早產兒免疫力及特殊營養成分，也含各種有用的荷爾蒙及酵素，能促進胃腸道發育吸收，可減少發生壞死性腸炎及敗血症的機率，這也就是為什麼母奶是早產兒（低體重兒）的第一選擇。

只要是寶寶生命徵象穩定（包括體溫、脈搏、呼吸、血壓），育有早產兒寶寶的母親其實可以和正常媽媽一樣餵母奶，若寶寶太小有吸吮的困難，可先以胃管進食，將乳汁放於空針筒內經重力流入胃內，等寶寶狀況穩定時，媽媽便試著直接讓寶寶吸奶，這可幫助他發展消化的能力。

至於還無法進食的早產兒，媽媽得記得在產後盡早開始擠奶，以維持奶水充足（約3小時擠奶1次，1天至少8次），同時要妥善儲存，因為早產兒的抵抗力較低，他所需要的母奶得更新鮮才行。

雙胞胎

母奶的分泌是一種供需原理，只要寶寶吸得越多，奶水分泌就越多。所以媽媽只要有足夠的營養，充足的睡眠，愉快的心情，一樣可以用母奶把雙胞胎餵得白白胖胖的（上天之所以給媽媽兩個乳房，就是為了以備不時之需），根本無需擔心母奶不足使雙胞胎挨餓。

理論上，一個乳房可以分泌足夠一個孩子所需的奶水，所以餵奶時可同時餵兩個，也可先餵一個、再餵另一個；可以一邊乳房固定餵一個寶寶，也可兩邊輪流互換吸吮，這也是一種小小的樂趣喔！

黃疸

新生兒黃疸是由於體內的膽紅素代謝而來，大多數的寶寶在出生後一周內會出現黃疸的現象，我們稱為生理性黃疸。通常足月兒在出生後2~3天是膽紅素的高峰期，而在1~2星期會逐漸恢復正常（而早產兒則是在出生後5~6天為黃疸高峰期，3~4星期後才會恢復正常）。

很多媽媽一遇到新生兒黃疸就停餵母奶，其實是沒有必要的，除非寶寶為病理性黃疸，需要換血處理，或是生理性黃疸在照光治療，但黃疸指數仍居高不下（一般而言黃疸值約16~18以上，並須評估出生天數，才能決定），醫生可能會建議停止餵母奶2~3天。不過，此時媽媽仍應將母奶擠出，妥善存放，待寶寶可以重新喝母乳時，再給予餵食。另外，要提醒媽媽：在新生兒黃疸期間，喝母奶會因而增加排便次數（糞便是膽紅素排出重要的途徑），而加速膽紅素在體內的代謝，使黃疸指標逐漸下降為正常。

過敏兒

母奶對過敏兒的好處早已成為常識，而餵母奶也成了過敏兒媽媽們的基本功，因為對於有過敏體質的寶寶來說，母奶簡直是天賜的「良藥」。很多專家更建議，過敏兒喝母奶的時間最好能至少維持6~9個月。

通常過敏兒出生後，母奶能餵多久，就餵多久，盡可能餵久一點。因為母奶裡有豐富的抗體，可提升寶寶的免疫能力。目前還有研究發現，孩童過敏約占40%.，其中有42%的人會終身患有過敏性鼻炎，而影響生活。所以寶寶出生後喝母奶至少4個月，且媽媽能配合避免食用高過敏性食物，到5歲左右發生過敏的機率，是不吃母奶寶寶的1/3（由47%降為15%）。

此外，要提醒媽媽食物引起的過敏部分，牛奶蛋白質會導致2~5%的寶寶過敏，是新生兒最常見的過敏疾病。而除了牛奶之外，雞蛋、黃豆、魚、有殼海鮮、核果、小魚乾、小麥和花生等也很容易引起過敏。因此，過敏嬰兒最好完全餵母乳6個月，無法完全哺餵母乳，建議選用有臨床研究證實的水解蛋白配方奶粉，且水解蛋白配方奶應吃到1歲以上。等到寶寶6個月後再開始添加副食品，並只能採用輕度過敏食物（如先由米粉試起）。高過敏的補充食物如蛋、魚、黃豆、麥粉、花生等，盡量在1歲以後再吃。副食品的添加原則以單純（每次選用一種）、漸進式（少量→多量），每種食材試用1~3天，觀察寶寶的皮膚變化（是否有紅疹）及糞便狀態（拉肚子或便秘）。

今天吃了蝦，發現寶寶的皮膚有點紅疹……

在此並不建議媽媽在餵母乳期間，「完全杜絕」所有可能造成過敏的食物，媽媽可依據個人體質經驗，避免食用自己曾經過敏的食物。或採取少量漸進式觀察寶寶反應，例如：今天吃了蝦，發現寶寶的皮膚有點紅疹，或寶寶較煩躁不安，則短期內暫時少吃蝦。另外提醒媽媽，高過敏的食物並不需完全拒絕，少量是沒關係的，不需給自己太大的飲食壓力（如吃了一隻或兩隻蝦）。

兔唇、顎裂兒

兔唇、顎裂兒一般認為吸母奶可能會比較困難，然而，對兔唇寶寶來說，其實媽媽柔軟的乳房才是最好的，所以應鼓勵媽媽嘗試餵母奶，且餵食時最好讓寶寶上身直起或坐著，以避免母奶經由裂縫流入鼻腔。至於顎裂寶寶自行吸奶可能會困難些，可考慮將母奶擠出，以杯餵或胃管方式餵食，或請牙科醫師做上顎阻隔器。此外，現在有顎裂、兔唇專用的奶嘴奶瓶可供選擇，使用時記得溫和且穩定的在奶瓶上施壓，以避免咳嗽或嗆奶。關於兔唇及顎裂寶寶，在羅慧夫顱顏基金會有志工及專線服務，媽媽可多加利用（電話：02-27190408）

❺ 餵母奶該準備的用品

很多打算餵母奶的媽媽常常會發生這種情形：買了一大堆相關用品，但該買的卻好像都沒買到，要不然就是買到的很多都不合用、不好用。為了避免花錢又生氣，請務必參考以下的建議！

哺乳胸罩

功能：針對孕期體型變化而設計，給日益變大的乳房舒適與確實的支撐，餵奶時簡單方便，可內置防溢乳墊。

外出型胸罩

選購重點：哺乳胸罩分為外出型及居家型。外出型胸罩設計優美，通常會有鋼圈，支撐性強，但長時間穿可能較不舒服（約800~1,500元/件）。居家型胸罩通常為純棉材質，設計簡單，穿著時輕鬆無負擔，但支撐性相對較差（約400~700元/件）。

建議：白天或外出時穿著外出型胸罩，讓胸型較優美，增添孕婦的風采及信心；坐月子及待產住院或孕期居家期間，穿著居家型胸罩，可增添舒適感並有助於紓解緊張情緒、預防乳房變形。

準備量：居家型胸罩兩件、外出型胸罩兩件，以方便清洗及更換。

居家型胸罩

防溢乳墊

功能：置於哺乳胸罩及乳房之間，可吸收溢出的乳汁及避免乳頭的摩擦，保持乾爽舒適。

選購重點：防溢乳墊有拋棄式及可洗式，可洗式可重複使用比較環保，但需由家人協助清洗（也可以用小毛巾代替）；若為了方便可使用拋棄式，市面上價格約5~8元/片。

準備量：拋棄式約2~3盒，可洗式1盒。

吸乳器

功能：1.刺激乳房促使乳汁分泌。2.將乳房內的乳汁移出。3.改善乳頭的長度。

選購重點：使用吸乳器時應遵循母乳產生機制，前一分鐘先以輕柔的力道按摩乳暈周圍，以利刺激乳汁分泌。

吸乳器有兩種：

手動吸乳器——每家廠商出的類型不同，市面上約有3種類型：空針型、吸球型及單手按壓型。其中空針型及吸球型效果欠佳，約300~500元/組，若只是暫時使用可選擇，但需頻繁使用較不建議。至於單手按壓型，可自行調整吸奶、停頓的頻率，並可控制力道，但有些媽媽會擔心手痠痛的問題，其實只要媽媽正確使用（壓一停兩秒一放），不要過度且快速擠壓，可以順利並擠出大部分的乳汁，避免產生手痠痛的問題。依每廠牌的不同而效果有所區別，價格約800~2,000元/組。

電動吸乳器——若您需要上班，又想長時間哺乳，那麼建議您使用電動吸乳器，操作輕鬆，效果也不錯，只是擠奶時所發出的聲音相對大了點，有些媽媽無法接受，尤其是半夜時使用可能會造成困擾，價格約1,000~2,500元/組。使用電動吸乳器時應調整吸力由弱漸強，避免拉傷乳頭。

另外有一種「IQ智慧兩用電動吸乳器」也是一個值得推薦的電動吸乳器，可視情況之需求，隨意轉換電動或手動吸乳，有柔軟的按摩護墊，邊吸乳邊按摩著乳暈四周，自然無痛的模擬寶寶吸吮，刺激乳腺分泌乳汁。可依個人乳汁分泌狀況調節吸乳節奏和吸力之強弱，並且加以記憶儲存，價位雖然比較高（約6,800元），但它包含全套配備，充分滿足上班族媽咪吸乳、儲乳、保鮮運送的功能需求。

如果覺得單邊電動吸乳器不夠看，那麼可考慮更高檔的雙邊電動吸乳器（約15,000~50,000元），或是租用醫院專用型吸乳器。

購買時請考慮：**1.預計餵母乳的期限**。 **2.是否上班**。 **3.價格**。也可以請先生陪同選購，設定好一種品牌，等生產後，有需要再請先生協助購買。因為有的媽媽餵母乳餵得非常順利，可能不需要用到吸奶器，那麼錢就省了，別忘了寶寶是最佳品牌的超級吸乳器喔！

準備量：電動或手動1組。

集奶袋

功能：收集母乳，以利保存。安全、衛生又方便，集奶袋上可註明收集的日期及時間。

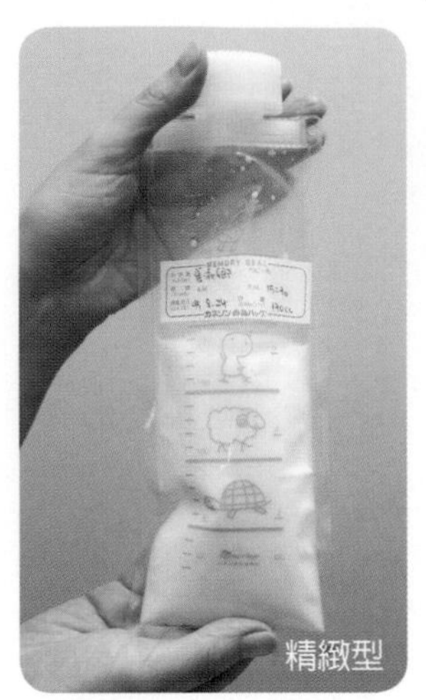
精緻型

選購重點：有簡單型及精緻型，價格10~40元/個，建議購買簡單型即可，不需事先準備，一般用於無法直接哺乳時，如：寶寶住院、媽媽上班。可和吸奶器的處理方法相同，需要時請先生購買，但務必先帶先生看過，否則買錯又會引發不必要的情緒問題！

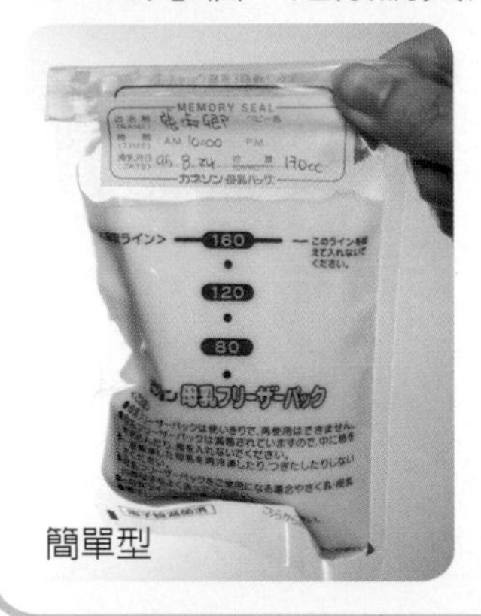
簡單型

準備量：1~2盒。

乳頭修護膏

功能：具有滋潤及保護作用，適用於媽媽乳頭乾裂或泛紅時。每次哺乳完塗擦，下次哺乳前不必擦掉。

選購重點：建議媽媽每次哺乳後，可以擠出一點後乳，塗擦在乳頭及其周圍，並盡量保持乾燥，無需於哺乳後立即將內衣覆蓋，可讓乳房暴露於空氣中，使乳頭保持清爽。有純羊脂成分及乳木果油等諸多成分的產品，許多新手媽咪一開始哺乳時會因為乳頭破皮、疼痛、流血等問題而放棄哺餵母乳，選用修護膏可給予授乳媽媽的乳頭多一層保護，幫助新手媽咪成功哺乳。純羊脂修護膏 售價約780元/條。乳頭修護膏 售價約690元/罐。

準備量：1條。

哺乳睡衣

功能：於胸部兩側有開口，不必脫衣即可授乳。方便、隱密，有裙裝及褲裝。

選購重點：購買時請注意開口是否夠大，若不想購買，也可以準備寬鬆的前開扣式的上衣，只要媽媽覺得舒服、方便即可。記得入院待產時就可以帶去了哦！價格約1,000~1,500元/套。

準備量：2套。

乳頭矯正器

功能：矯正乳頭扁平或凹陷。

選購重點：其實寶寶是吸乳房不是吸乳頭，在臨床上發現，就算是乳頭凹陷，也可以將母乳餵得很成功，媽媽無需恐慌。若媽媽想購買並使用，增加自己哺餵母乳的信心也可以（價格約1,680元/個）。

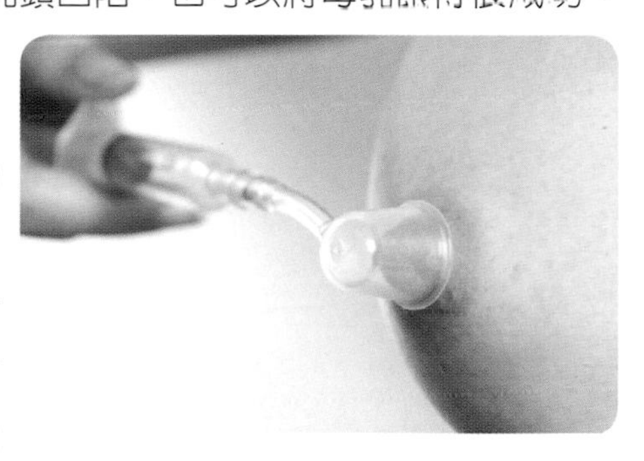

但可以用空針DIY哦！將針筒前端有刻度處切平，居中使前後開口徑一樣大，再將針筒的推入器反過來，由前往後推即可。自己動手做做看吧！切記當刺激乳頭時，有可能導致子宮收縮而引發早產，所以使用時，請觀察是否有子宮收縮情形，若有，則立刻停止。

準備量：1組或1個。（使用方法見P.59）

乳頭保護罩（假乳頭）

功能：在哺乳時可保護乳頭，防止乳頭受傷。

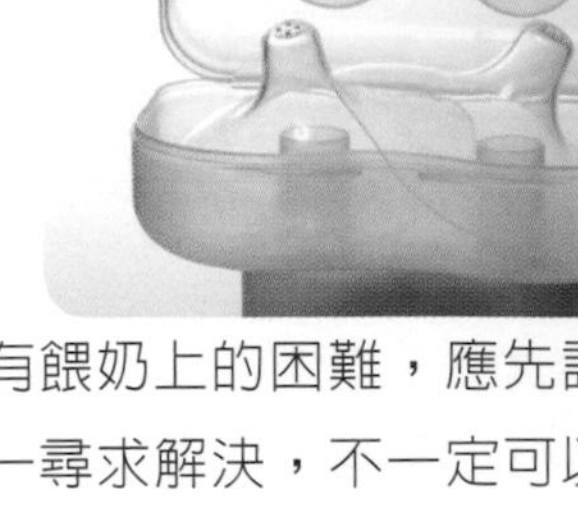

選購重點：僅適合暫時性使用，非必需品，在臨床上較少建議使用。若媽媽有餵奶上的困難，應先評估問題所在，再一一尋求解決，不一定可以派上用場，市售價約150~400元/個。

準備量：1個。

乳頭保護器

功能：置放於胸罩裡，可保護受傷的乳頭，避免再受到摩擦而造成疼痛；可以收集外溢的乳汁。

選購重點：乳頭保護器通常呈圓形貝殼狀，外殼硬質，內襯矽質保護罩，組件中包含透氣護罩及無透氣孔收集護罩，約480元/組。

準備量：1組。

HiPP天然媽媽哺乳飲品

功能：幫助乳腺的暢通與乳汁的分泌。

選購重點：含有茴香、香峰草、葛縷子等植物的萃取成分，已被證實可以刺激幫助哺乳期間的母體發奶，這些植物透過特殊比例的結合，經由人體吸收後可以幫助乳腺的暢通與乳汁的分泌。茴香對於媽媽跟寶寶都有很好的消除脹氣的功效喔！方便沖泡，多數人覺得有效，但媽媽們千萬不要本末倒置，應該讓寶寶正確含乳、有效吸吮，並且依寶寶需求維持哺乳次數（8~12次/天）。售價280元/瓶。

準備量：依個人喜好選購。

乳房冷熱敷墊

功能： 提供乳房冷敷或熱敷。

選購重點： 可避開對乳頭的過度刺激，方便使用；

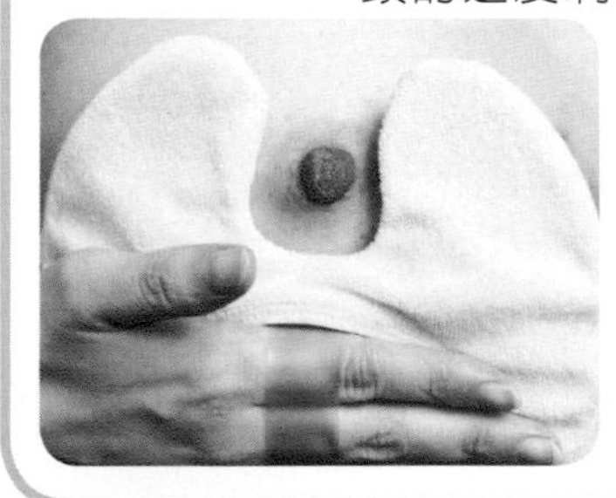

哺乳前熱敷可刺激乳汁分泌，使乳腺通暢；利用冷敷效果可降低疼痛感，長時間使用會抑制乳汁分泌，市售價250元/個。

準備量： 1個

清淨棉

功能： 清潔乳頭及嬰兒口腔舌苔，外出使用方便。

選購重點： 清淨棉非必需品，餵奶前無需特別清潔乳頭及乳房，若媽媽流汗量大，或傳統月子觀念無法洗澡，可於餵奶前以溫毛巾擦拭，唯外出不便時可準備清淨棉，約200元/盒。

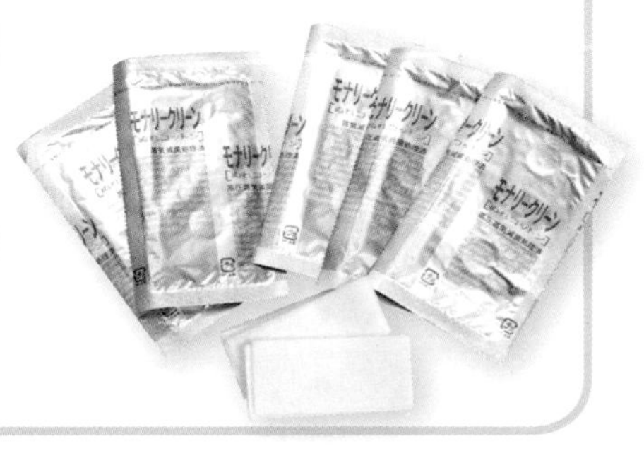

準備量： 1盒。

L枕

功能： 呈L形，可因應不同的哺乳姿勢。媽媽睡覺、餵奶的各種姿勢得以獲得適當的支撐。

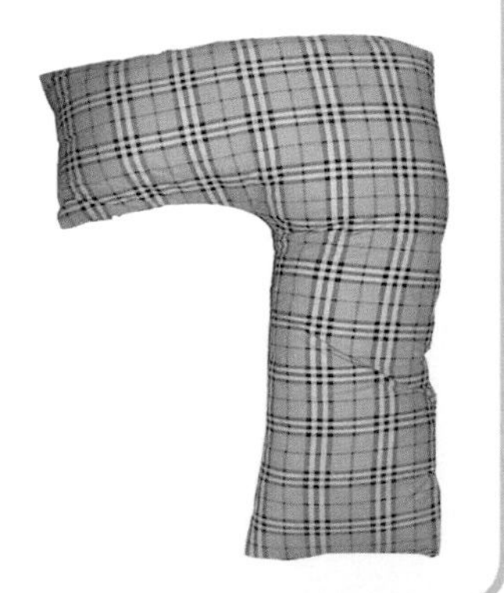

選購重點： 這是一個非常好用的產品，當然不一定是必需品，但用過的都說好，市售價格約680~1,200元/個，媽媽也可以在家多準備幾個枕頭及靠墊來作支撐，可以達到同樣的效果。

準備量： 1個。

外出哺乳衫

功能：胸部前隱密前開設計，方便哺乳，外觀自然，不易穿幫，讓媽媽外出仍然可以優雅哺乳。

選購重點：方便、舒適、隱密。

準備量：2~3件。

嬰兒背巾

功能：避免抱寶寶時姿勢不良產生「媽媽手」，可隨時隱密餵母乳。

選購重點：背巾種類、品牌繁多，約略可分為兩大類：可拆解式多功能背巾，可橫背、側背、前背、後背，依寶寶需求及喜好，調整不同的背法，1條約1,200~3,000元。若要配合餵母乳方便並顧及隱密，某些品牌的育兒背巾就像古早阿嬤布條背巾的現代改良版，只是初學者常需經指導練習後，才能順利使用，多數用過的媽媽都說讚！1條約1,500元。

準備量：1條。

餐搖椅

功能：當媽媽想為寶寶選擇嬰兒床及餐椅時。

選購重點：移動方便，可調整五段高度，讓寶寶永遠在我們的視線範圍內。且有擺動功能，讓寶寶更加舒適、容易安撫，並可直接調整成餐椅，方便寶寶進食，可從出生用到4歲。

準備量：1台。

❻ 母奶該怎麼保存？

每一滴母奶都是媽媽的心血與辛苦收集而來的，所以，對媽媽及寶寶來說都是相當珍貴的。因此，在冷藏、冷凍、解凍及回溫的過程中，每個環節都得謹慎，不僅要保持母奶的新鮮度，且要完整留住母奶中的免疫成分，並避免奶水受到細菌的侵犯，更要注意寶寶喝奶時的溫度，否則，可能因為一點小小的疏失，就全部功虧一簣。

母乳的儲存，分為室溫、冷藏及冷凍。室溫中，冬天、夏天亦有不同的儲存溫度與期限，為了方便媽媽，建議將以下表格貼在保存母奶的地方，時常提醒，降低失誤率。

放置位置	儲存溫度（攝氏）	儲存期限
室內（冬天）	15度	24小時
室內（春秋）	19~22度	10小時
室內（夏天）	25度以上	不超過4~6小時
冰箱冷藏室	0~4度	5~8天
單門冷凍室	不穩定	12~14天
雙門冷凍室	不穩定	3~4個月
獨立式冰櫃	零下約18度	6個月

如果媽媽覺得太複雜，也可以3、3、3原則來記：放於室溫3小時、冷藏3天、冷凍3個月。

儲存母奶注意事項

❤ 收集母奶後，依寶寶每餐的食用量分裝存放在集奶袋或集奶瓶中，然後放到冰箱冷藏或冷凍。這樣每次餵食時，只要取出1袋（1瓶）就是剛好的分量，比較易於維持母奶的保存與新鮮度。

❤ 記得在集奶袋或集奶瓶上註明收集的時間，比如：95.10.23/16：10。

❤ 如果冰箱中有3袋，分別為1/1、1/2、1/3，則優先使用1/1儲存的奶水（也就是愈早儲存愈早使用）。

❤ 不可將奶水放置於冰箱門邊（因為冰箱門開啓時會影響溫度，使奶水無法存放在固定溫度）。

❤ 盡量將奶水放置於後方冷風出口處，勿放置於冰箱門上，以確保乳汁的溫度。

❤ 儲存奶水的冰箱盡量不要堆放其他食物，以避免因食物過多影響冰箱中溫度，或吸收其他食物的氣味，影響母乳品質。

儲存奶水的冰箱盡量不要堆放其他食物，以避免因食物過多影響冰箱溫度，或吸收其他食物的氣味。

如何選擇儲存母奶的容器？

器具方面，玻璃、塑膠奶瓶或母乳袋皆可，請事先消毒（奶瓶的消毒方法：可直接使用奶瓶消毒鍋，或可使用微波爐消毒法——將奶瓶放置於一個裝水的器皿中，置入微波爐中加熱即可。選擇消毒方法時，可依個人工作環境的方便性及經濟考量。

❤ 玻璃奶瓶，清洗容易，但攜帶時比較重，要小心打破。

❤ 透明硬塑膠奶瓶（PC材質）清洗容易、較輕，但3～4個月需更換淘汰。

❤ 有彈性的不透明塑膠奶瓶（PP材質）清洗時易有刮痕，有可能藏污納垢。

❤ 母乳袋（PE材質）節省空間，但裝取時容易汁染，並且有破洞的可能，成本較高。

通常初乳的穩定性很高，不會受儲存容器的影響。成熟乳中的活細胞會隨著儲存的時間及容器有所些許的影響，儲存的時間越長，奶水中的活細胞數目會降低。至於容器方面的影響：玻璃奶瓶可能會使活細胞附著在玻璃管壁上，不過，當放置於冰箱儲存24小時後，活細胞就會自動脫離玻璃管壁，融入奶水中；塑膠奶瓶可能會降低少量的維他命C；母乳袋可能會降低對抗大腸桿菌的免疫球蛋白。

如何使用儲存過的母奶？

必須將母乳「隔水加熱」進行加溫解凍。

❤ 不可用瓦斯爐或微波爐來進行奶水加溫，因為快速加熱使溫度太高，會破壞母乳中的免疫球蛋白成分。餵母乳，最在意的就是母奶中所含的免疫球蛋白成分（是配方奶無法取代的），若用了錯誤的加熱方式，等於是前功盡棄。

❤ 當寶寶需要喝儲存的母奶時，必須將母乳「隔水加熱」。是以流動的溫水來回溫母乳，或以較大的容器裝溫水（溫度約41°C～43°C皆可，勿超過60°C），將母乳袋或奶瓶置入溫水中，以調增其溫度。注意！溫水勿超過奶瓶的瓶蓋，以避免水滲入母乳中。

❤ 市面上有一種專為媽媽設計的溫奶器，能將水溫固定於適當溫度，幫媽媽解決加熱奶水的麻煩。多數的新手媽媽會覺得這是一個貼心的產品。

❤ 回溫過的母乳務必於4小時內使用；若母乳需要解凍，可先移到冷藏室慢慢解凍（約需2小時）；若來不及，則可放在流動的水中，記得！先使用冷水再慢慢增加水溫，盡量不要放在室溫中自然解凍。

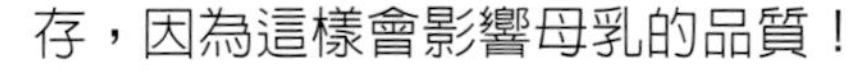

❤ 解凍後的乳汁可在冷藏室中放置24小時，但不可再放回冷凍室儲存，因為這樣會影響母乳的品質！

❤ 儲存過的奶水，回溫後可能會出現上、下分層，通常是奶水的油質浮到上層，所以不必擔心，只要將奶水輕輕混合均勻即可（不要用力搖晃），奶水的品質並未受到影響，大可放心的給寶寶喝。

❤ 回溫後的母乳應當餐喝完，沒喝完應丟棄。

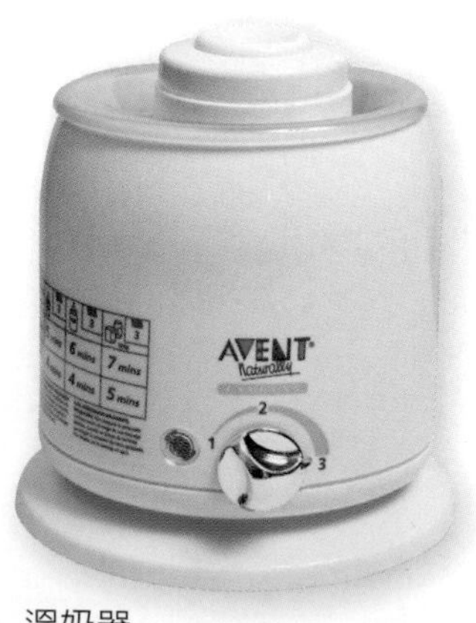

溫奶器

如何促進乳汁分泌？

❶ 媽咪在營養上需注意哪些重點？

❷ 媽咪要避免的食物

產後盡早開始餵奶

第一次餵奶的時間最好是產檯上，若無法在產檯上餵母奶，也應盡量在產後2小時之內就開始餵奶，因為寶寶愈早吸吮乳頭，可愈早刺激乳汁分泌。

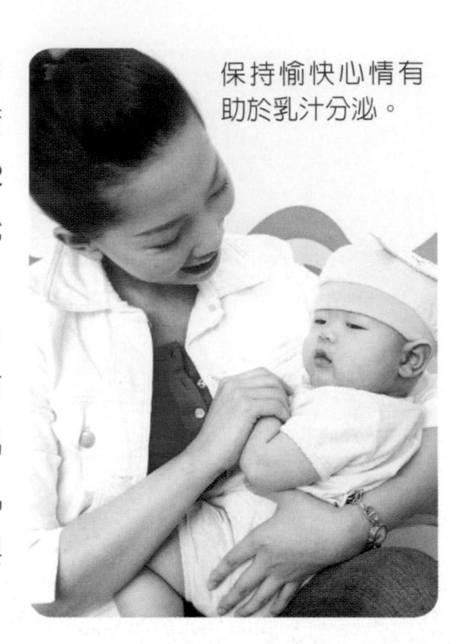

保持愉快心情有助於乳汁分泌。

勤於餵奶

每2~3小時餵一次，或寶寶餓了就可餵奶。餵得次數愈多，奶量會愈豐沛。另外，夜間哺乳可增加乳汁分泌（夜裡泌乳激素分泌的量是白天的2~3倍），而母嬰同室會讓餵母奶更容易成功。

只餵母奶

想餵母奶的媽媽盡量不給寶寶其他飲料（包括：配方奶、葡萄糖水、開水），否則寶寶可能沒有餓的感覺而減少吃奶的頻率，奶量自然會減少。

多攝取水分

開水或養生茶、水果、湯類皆可（每天約2,500~3,000c.c.）。有些媽媽擔心水喝多了，會產生小腹、水腫等情形，但根據醫生的說法，水分不足，反而會影響新陳代謝，阻礙乳汁的分泌。

飲食調整

不要偏食，注意飲食的均衡，多吃高營養的食物（蛋白質——魚、肉、蛋、奶、豆類），必要時，還可來點發奶的菜色。

足夠的休息

疲倦與睡眠不足會減少乳汁的分泌。因此，最好不要失眠，有時間就要多休息。

保持愉快的心情

媽媽的情緒很容易受影響而起伏不定，一旦陷入焦慮或壓力中，就會嚴重抑制乳汁分泌，所以保持愉快的心情是很重要的，可以聽聽柔和的音樂、按摩、看書或找朋友聊聊天，盡量讓身心放輕鬆。

按摩媽媽的背部可促進泌乳。

❶ 媽咪在營養上需注意哪些重點？

❤ 增加蛋白質攝取，例如：魚、肉、蛋、奶類。

❤ 增加水果、蔬菜及水分攝取。

❤ 不亂服成藥及其他刺激性食物。

❤ 完全素食者，應另增加維生素B的攝取，例如：豆類、乳製品、核果類。

❤ 哺乳期間切勿減肥。

媽咪在營養上需要增加蛋白質及維生素B的攝取。

❷ 媽咪要避免的食物

❤ 咖啡與濃茶。

❤ 菸和酒。

❤ 刺激性的調味品，如辣椒、胡椒、咖哩等。

❤ 過鹹的燻肉、醃肉、鹹魚、火腿等。

❤ 只提供熱量而無營養價值的食物，如糖果、可樂、汽水等。

媽咪要避免咖啡、濃茶等刺激性食物的誘惑。

克服不能餵母奶的苦衷

❶ 乳頭外形的問題
❷ 乳房感染等問題
❸ 奶水顏色異常
❹ 寶寶不肯吸奶
❺ 媽咪要上班
❻ 其他狀況

乳頭外形影響哺乳。

❶ 乳頭外形的問題

乳頭扁平

很多媽媽都會擔心，自己的乳頭扁平、不夠長，而阻礙了寶寶吸吮，無法順利的餵母乳。事實上，大部分這類的擔心是多餘的。因為寶寶喝奶時是吸吮乳房，並非只吸吮乳頭，乳頭只占其中的1 /3，換言之，寶寶吸吮時，應該包含了乳頭、乳暈及部分的乳房組織，所以媽媽要在意的是寶寶吸吮時乳房組織的伸展性好不好，而非在意乳頭的形狀及大小。

通常，乳房組織的伸展性在懷孕期間會漸漸的增加。所以，即使媽媽的乳房是扁平的，只要姿勢正確，把握適當的餵奶時機，對自己及寶寶有信心，再加上恆心及毅力，就不必擔心無法成功餵母乳！

其實，臨床上常見：原本乳頭扁平的媽媽，經過寶寶幾次的吸吮便可改善，乳頭會慢慢變長了，因此，寶寶的吸吮力量是比任何的矯正器更厲害的！

改善乳頭扁平的撇步

若有乳頭扁平的疑慮，可先請有經驗的哺乳顧問（lactation consultant）協助判斷，同時，產後可以透過一些方法來改善（產前按摩乳房時，應注意子宮收縮會導致早產，且有研究指出，產前有無乳房護理無關於產後能否成功哺餵母乳。）：

❤ 促進乳房的伸展性——洗澡時以溫水，由下往上沖洗乳房，促進血液循環，增加乳房的伸展性。

❤ 增長乳頭——以食指及拇指拉出乳頭（Hoffmans運動），或使用乳頭牽引器。當然，更可以在每次哺乳前，用吸乳器先吸3~5 分鐘，效果也不錯，又可以刺激乳汁分泌！

❤ 增加乳頭的強韌度——以舊毛巾或沐浴巾來回擦拭乳頭，利用摩擦方式，增加乳頭的強韌度。

切記：在刺激乳頭時，由於乳頭平常是被以「嬌貴」的方式保護在內衣中，皮膚細嫩，保養時，動作要輕柔，不可太大力，同時，每天次數不可過多。

乳頭凹陷。

乳頭凹陷

乳頭凹陷的評估，是將大拇指及食指放置在乳頭兩側的乳暈旁，當乳暈受到擠壓時，乳頭呈現內凹狀態就是乳頭凹陷。不過在臨床上，乳頭凹陷的機會並不多，但若媽媽的乳頭真的呈現凹陷狀態，勢必會影響媽媽餵奶的信心。在此仍然要強調寶寶吸吮的是乳房，並非只吸吮乳頭。因此乳頭凹陷的媽媽，所面臨的難題，除了要解決乳頭的問題，其心理壓力更需要家人及有經驗的哺乳顧問的支持。

乳頭凹陷的改善，可分為懷孕期間與產後兩個階段進行。

1.在懷孕中期，可以用乳頭罩及乳頭牽引器。它們是利用牽引原理及強化乳頭周圍的肌肉，來改善乳頭凹陷的情形，可依個別需求來考慮每天穿戴時間。但在穿戴時，需要顧慮乳頭罩及乳頭牽引器的材質，因為它們通常是矽膠，當吸附在皮膚上成真空狀態，時間過長時，是否會引起皮膚敏感及損傷，所以穿戴時間應採漸進式，由短而長，且因人而異，最長可每天穿戴8小時。

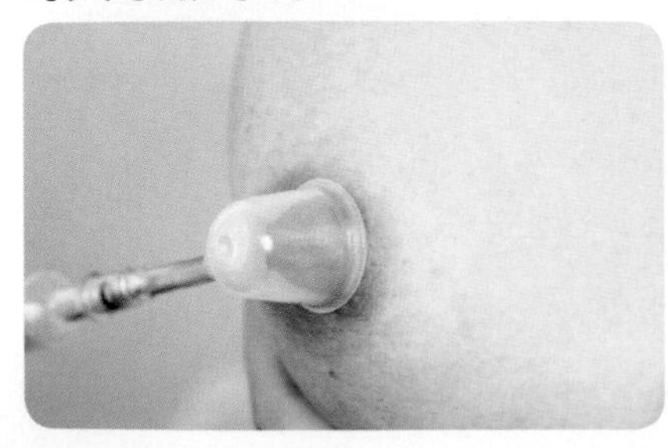

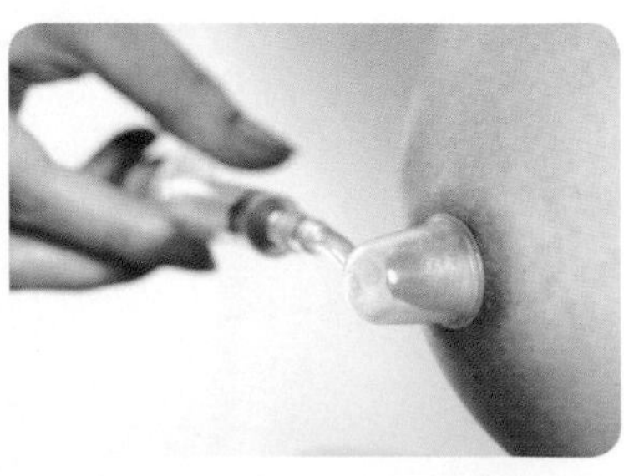

使用乳頭罩及乳頭牽引器強化乳頭周圍肌肉，慢慢使乳頭凸出不再凹陷。

Hoffman's運動增加乳頭及乳暈的伸展性：

同時向上向下拉　　同時向左向右拉

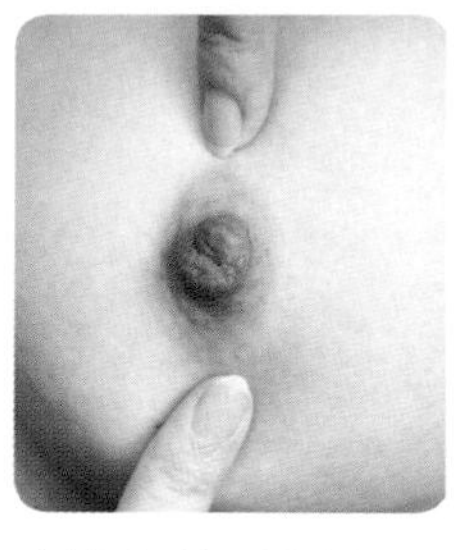

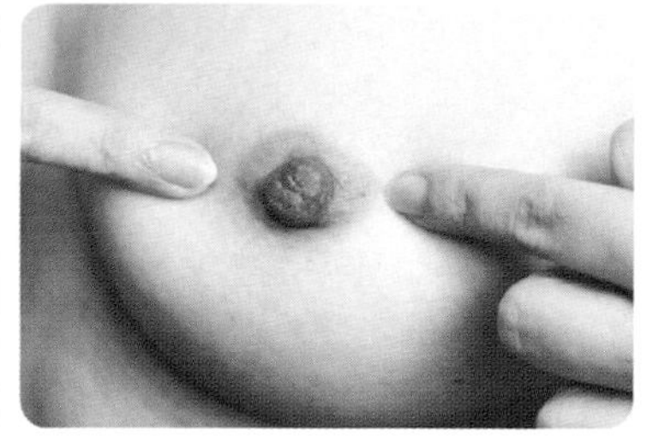

另外，可以Hoffman's運動來改善（為避免有早產現象，建議產後使用）——以雙手食指，在同一側乳暈處，二指食指反方向的牽扯（如時鐘上的3點鐘及9點鐘位置，各自向外拉扯），使乳頭凸出，並增加乳頭及乳暈的伸展性。臨床上有個特別的發現：大部分媽媽的乳頭問題，只要產後經過寶寶正常吸吮一段時間（約2星期）無需治療便會自然改善，所以在產前無需有太大的心理壓力。

2.產後每次餵奶前15分鐘以吸乳器、乳頭牽引器來改善乳頭長度，效果顯著，是個值得一試的好方法。

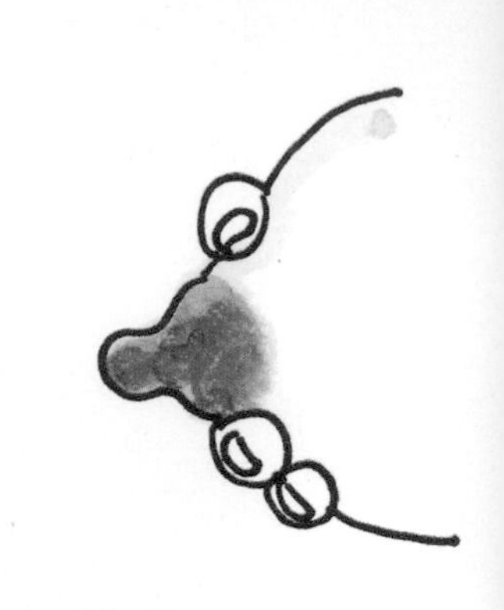

乳頭過大過長

有些媽媽會認為乳頭愈大愈好，其實不然。臨床上有所謂的「巨大乳頭」反而會造成相當的困擾。寶寶會因為乳頭過大，在含乳時，只含住乳頭就已經塞滿了整個嘴巴，無法含進足夠的乳暈及部分乳房組織，導致無法刺激輸乳竇分泌乳汁，且容易因寶寶不正確的吸吮而導致乳頭破裂受傷，甚至寶寶也可能因過大或過長的乳頭，而引發作嘔反射。

話雖如此，但寶寶是可以被訓練的。最簡單直接的方法就是，媽媽改變餵奶的姿勢（媽媽平躺，寶寶直接趴在媽媽的胸前，使用反引地心引力的姿態，避免乳頭過度深入寶寶口中），盡量刺激寶寶的上嘴唇，甚至對準寶寶的鼻子，引發寶寶的嘴巴張大點，能含住大部分的乳房組織，或是當寶寶準備含乳時，媽媽先將乳頭捏成扁平狀（須配合寶寶的嘴型及方向），讓寶寶比較好含乳。

❷ 乳房感染等問題

乳腺炎

乳腺炎的發生原因是：乳腺管阻塞，奶水滯留在某些乳腺內，未能及時排出，而造成乳房局部硬塊、發紅、疼痛，甚至發燒（可能會高達39° C ~40° C），令媽媽相當不舒服。疼痛之餘，很多媽媽會擔心：乳腺都發炎了，還可以繼續餵母乳嗎？這裡，要再次提醒媽媽：乳腺炎是媽媽在餵母奶期間偶爾都會遇到的問題；如果媽媽未能將問題的根本解決，那麼，很可能會造成重複性的乳腺炎。

絕大多數的乳腺炎都是因為乳汁沒有正常排出，因此，解決之道就是經常將媽媽乳汁盡量排出，通常若能適當且積極的針對原因處理，乳腺炎的症狀很快就能獲得改善，並不需要藥物治療。不過，如果一開始症狀就很嚴重，或是24小時內都沒有任何改善，就需要醫師給予抗生素及止痛藥來治療。

然而，不論乳腺炎的症狀是輕微或是嚴重，都必須持續地將乳汁排出，且仍然可以給寶寶喝，即使服用醫師給予的抗生素及止痛藥，只要經醫師同意，一樣可以繼續餵母乳。

通常，有乳腺炎的媽媽餵母乳時，建議從沒有感染一邊開始餵，可降低媽媽的壓力及寶寶開始吸吮時的疼痛感，同時，感染乳腺炎的乳房的奶水會隨之自然滴出，方便寶寶喝奶或是媽媽擠奶。

不過，有些寶寶不喜歡吸感染的那邊乳房，原因可能是因為乳房腫脹或是奶水的味道改變，當然，也有些媽媽因為疼痛或擔心奶水有問題，並不願意讓寶寶吸感染的乳房。其實無需勉強媽媽或寶寶，只要能維持乳汁的排空的頻率（寶寶吸、手擠或是吸乳器擠，甚至可以請先生幫忙），否則讓乳汁繼續留滯在乳房內，可能會導致乳房膿瘍，問題就更嚴重了。至於，擠出來的奶水，要不要給寶寶喝都沒關係，一切由媽媽決定。

預防乳腺炎的方法

勿使用剪刀手（食指在上，中指在下托住乳房，形成剪刀狀）。

一般說來，避免乳腺炎找上身，媽媽應該盡量維持每天約8~12次的餵奶，隨時注意寶寶的含乳及吸吮方式是否正確（有時候調皮的寶寶會邊吸邊玩，不太認真喝奶，導致剛開始喝奶時動作正確，但慢慢變得不正確），選擇寬鬆舒適的內衣。而餵奶時支撐乳房應採用C形法（拇指在上，以虎口靠近乳房，其他四指支撐乳房），勿使用剪刀手（食指在上，中指在下托住乳房，形成剪刀狀），避免手指壓迫乳房。

此外，媽媽若經常維持同一姿勢餵奶，也可能會造成某些乳腺無法排空乳汁，所以更換不同的餵奶姿勢，讓奶水平均地由各個乳腺排出，降低乳腺炎的發生。還有，不要選擇過於緊繃的胸罩，因為鋼絲可能會壓迫到乳腺，不利奶水分泌及排出。

乳房膿瘍

是乳房膿瘍或乳頭破皮發炎，這種狀況須找醫師治療，使用抗生素（抗生素治療有固定的療程，可能需7~14天，若未依照療程治療，自行停藥，不但容易復發，更會產生抗藥性，增加未來用藥的困難性），必要時醫師可能會加上針頭抽吸化膿處，治療期間仍可以繼續餵母乳，但若媽媽對此時的乳汁品質有疑慮，不想在這個時候餵奶沒關係，可是要定時將奶水擠出，如此才能維持乳汁的製造，以免症狀改善後，奶水卻減少了。

乳頭癢有異狀

乳頭若是脫屑、會癢並且感覺痠痛，很有可能是「念珠菌感染」，通常發生在寶寶使用奶嘴、或媽媽使用乳頭罩或是抗生素治療乳腺炎之後。這個時候寶寶也會出現鵝口瘡，就是在寶寶的舌頭及口腔黏膜發現成塊的白斑，有可能影響寶寶喝奶的狀況。此時的媽媽和寶寶應同時接受治療，且治療期會維持5~7天，治療期間仍然可以餵母乳，但要建議寶寶停止吸奶嘴，以及媽媽暫停乳頭罩的使用。

乳頭上有小白點

餵母乳的媽媽若發現乳頭上有小白點，可能有兩種狀況：一是乳腺出口處被奶水塞住了，通常在寶寶吸吮幾次後，白點就消失了，並無大礙，可考慮經常更換寶寶吸奶的姿態。二是皮脂腺增生，此狀況無法在寶寶吸吮幾次後自動消失，有些人會以針頭將白點挑破擠出白點，但臨床上發現並無顯著幫助，且日後仍會有此狀況。

乳頭破皮

乳頭皸裂、破皮，通常是因為寶寶含乳含得不好所引起。當含乳姿勢不正確，寶寶吸吮時舌頭會將乳頭拉進又拉出，扯來又扯去，於是過度拉扯與摩擦的結果，便導致乳頭破皮；另外，有些媽媽餵完奶，就馬上穿起內衣，讓乳頭經常處於濕潤狀態，這樣下次寶寶再吸乳頭時，可能會導致乳頭破裂。所以，媽媽除了隨時注意寶寶的含乳方式是否正確外，最好還能在每次哺乳結束，擠一點後奶塗在乳頭上（含有較多的脂肪），有保護乳頭的效果，同時也不要立刻穿上內衣，給乳房一個透氣、乾燥的機會。

❸ 奶水顏色異常

幾乎每個媽媽對於擠出來的奶水顏色都非常的在意，如果看到顏色異於平常，往往會有莫名的恐慌。其中，又以淺淺的粉紅色像西瓜汁，最讓媽媽心驚，因為多數人的第一個反應就是「流血了！」。根據臨床的經驗，這個情形可能是在擠奶的過程中，施力不當造成少許的微血管出血，或是原本乳頭受傷也會使擠出來的奶水呈現粉紅色。通常，只要乳頭受傷的情形改善，或是擠奶時多加小心，粉紅色的奶水就不會再出現了，而這些粉紅色奶水的營養價值並不會因此改變，所以大可放心給寶寶喝。

但是，如果這類的情形維持太久，超過2~3周，那麼就必須找醫生檢查。原則上，奶水的顏色與媽媽吃的食物有很大關係，除了粉紅色奶水之外，偶爾也會出現其他不同的顏色，例如：吃綜合維他命的媽媽，擠出來的奶水會呈現黃色；食物或飲料中的紅色色素，會使奶水帶點紅色或橘紅色；食用大量綠色蔬菜、海帶、海藻類的食物，會產生綠色奶水；甚至服用某些藥物會產生黑色乳汁呢！不可思議吧！

❹ 寶寶不肯吸奶

如果媽媽很確定寶寶不是因為生病、肚子不餓或太興奮（玩的正高興或有什麼聲音吸引了注意力），那麼，新生寶寶不肯吸奶這種情形有可能是因為媽媽擔心奶水不足，於是額外使用奶瓶補充配方奶或葡萄糖水，而使寶寶造成「乳頭混淆」。

要解決此困擾，最好的方式就是不要讓乳頭混淆這個情形發生！也就是媽媽產後一定要馬上試著餵母奶，讓寶寶熟悉並學習吸吮媽媽的乳房，刺激乳房盡早分泌奶水，建立與寶寶間奶水供需的良好循環。

此外，還可以試試讓寶寶餓一點或睡覺時來餵奶，有些寶寶要等到肚子飢腸轆轆或睡覺時才肯喝奶。

此外，另一個避免乳頭混淆產生的方法是使用杯子、湯匙來餵食母奶，這樣一來，寶寶不會接觸奶嘴，也就無從發生這個問題了。

何謂「乳頭混淆」？

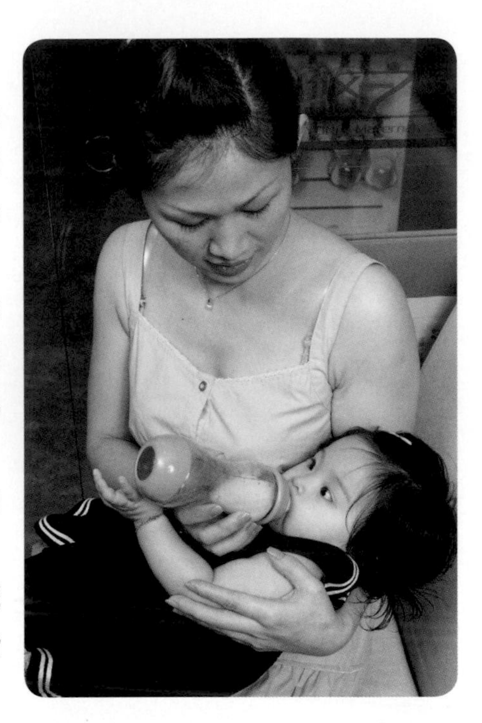

正確喝母奶的方式是，寶寶必須同時含住媽媽的乳頭與乳暈，因為奶水集中在乳暈處，而乳頭只是奶水的出口，但若寶寶發生乳頭混淆，他會以吸奶嘴的方式把力量放在吸吮媽媽的乳頭上，想當然這樣是喝不到奶水，於是寶寶便開始拒絕媽媽的乳房，只喜歡吸吮奶嘴。

正因為喝母奶需花費相對大的力氣，而奶瓶餵食由於重力的關係，只需輕輕一含，奶嘴奶水便會自動流出，聰明的寶寶自然會選擇輕鬆不費力的方式。

另外，世界衛生組織及聯合國兒童基金會除了建議，不要給予餵母奶的寶寶人工奶嘴或安撫奶嘴，以避免寶寶乳頭混淆，而導致媽媽與寶寶的雙重障礙外，並呼籲能配合產檯即刻吸吮（生產後30分鐘內，無特殊情況下，盡早開始餵母奶），並實施母嬰同室，盡可能不要讓寶寶有接觸奶瓶及奶嘴的機會，幫助媽媽順利餵母奶，遠離乳頭混淆所造成的困擾。

寶寶吸沒多久就不吸或睡著了

寶寶吸沒多久就不吸或睡著，有可能因為躺在媽媽懷中既溫暖又舒服，有些寶寶彷彿感覺重回子宮內，吸著吸著就睡著了。這時，可以推擠一下乳房，將乳汁擠入寶寶口中，提醒寶寶喝奶；或是拍拍他的背、替他換尿片，轉換一下姿勢。也可以試試打開部分包巾，讓寶寶接觸一下冷空氣，等他醒來繼續吸奶時，再蓋上包巾保暖。當然，還有一種情況是，寶寶的急性子，唏哩忽嚕很快就喝飽了。

但也有可能是因為寶寶生病了、太累了（訪客太多、外出時間太長），或媽媽奶水的味道突然改變了（有時候媽媽吃了某些食物會產生特別的味道，例如蒜頭、青椒等），還有，當環境變得不舒服（太冷、太熱、太吵、空氣不好）或姿勢沒「喬」好，也會讓寶寶喝不下奶。而有些寶寶則是吸吮一、兩分鐘後會暫停休息，但媽媽卻誤以為是寶寶睡著了、不吸了，將寶寶抱離乳房。

無論如何，媽媽是最容易了解寶寶的，將觀察寶寶的一舉一動當作一種樂趣，甚至可以細心的留下一些記錄，成就感就會隨之而來！

5 媽咪要上班

掌握擠奶的節奏

隨著產假結束，媽媽必須重返職場，恢復上班族的身分時，餵母奶得要有新的「節奏」！

首先，是上班前、下班後親自餵母奶。媽媽早上出門上班前盡可能先餵一次奶，如果有剩餘則擠出來存放，這樣盡量排空，可避免上班時的脹奶或溢奶。而晚上下班後回到家中，媽媽將手洗乾淨就可以馬上再餵寶寶吸一次奶。

其次，是上班期間，中午、下午各擠一次奶。上班時，媽媽記得利用空檔，在不影響工作下，盡可能2~4小時擠一次母奶（也就是說整個上班期間最好能擠2~3次奶，此舉又稱為「為寶寶準備便當」），這樣不但可以預防溢奶，也能把寶寶隔日白天所需的奶量準備好，方便保母或家人餵給寶寶喝。

上班時，別忘了準備一個小冰桶及一組吸奶器，當然也可以用手擠。擠出來的母乳，先以集奶袋（或奶瓶）暫存於冰箱冷藏櫃，待下班前再放入小冰桶中帶回家。**切記**：把母奶帶回家的過程中須注意冰桶中的溫度，建議可放置冰寶於桶內，一回到家裡則盡快放入冰箱中。

成功餵乳有方法

通常，上班族媽媽要成功餵母奶，盡量避免「乳頭混淆」的狀況出現，以杯子或是湯匙餵母乳是最理想的方式，但是，寶寶白天喝奶的次數與量都不少，媽媽很難要求保母或家人完全以杯子或是湯匙餵食，這時候，奶瓶、奶嘴就會是一個普遍且方便的選擇，在這種的情形下，建議媽媽在奶嘴的選擇上，應選用流速較慢的一款來餵食。因為這樣的奶嘴需要寶寶花比較多的力氣吸吮，換言之，比較接近吸吮乳房的經驗，讓寶寶在兩者的轉換上容易適應些，同時比較不會拒絕吸吮媽媽的乳房。

至於測試奶嘴流速快慢的方法是將奶瓶倒立，當奶水是以一滴、兩滴的方式流出，而不是如小水柱般傾倒而出，就是流速較慢的奶嘴。

當然，若寶寶已經發生乳頭混淆，不願意吸吮乳房，媽媽也無需太緊張，盡量下班後讓寶寶多接觸乳房，喚醒他的記憶，誘發他的興趣。另外，想睡覺的寶寶分辨能力較差，這時候就可以試著讓他去接觸媽咪的乳房，並且吸吮。

有些寶寶白天使用奶瓶，或是由家人及保母餵奶時，所喝的奶量及次數明顯減少；但只要見到媽媽回家，馬上會巴著媽媽的乳房不放，連續好幾次的猛吸，目的是為了把白天少喝的奶量補回來，不必太擔心！

克服擠奶的不便

準備工具

奶瓶、寬口杯、吸乳器、母奶保存袋。

擠奶的祕訣

上班時間要擠奶，只要找一個乾淨、安全的小空間，可能花5~10分鐘就可以了。剛開始擠奶時不要用吸乳器，最好先練習用手擠（因為手擠可以輕柔的按摩乳暈周圍），等乳汁分泌很順暢之後再用吸乳器會比較順利。若是使用吸乳器，每次開始擠奶時，先調整最輕的力道按摩乳暈周圍，刺激乳汁分泌（每次的泌乳反射約需1分鐘，也就是說開始擠奶的前1分鐘是沒有乳汁的，太用力擠會增加乳頭受傷的機會）；正確的使用方式是：壓—停2秒—放，不要過度且快速擠壓，才可以順利並擠出大部分的乳汁，並避免手痠痛產生媽媽手的問題。

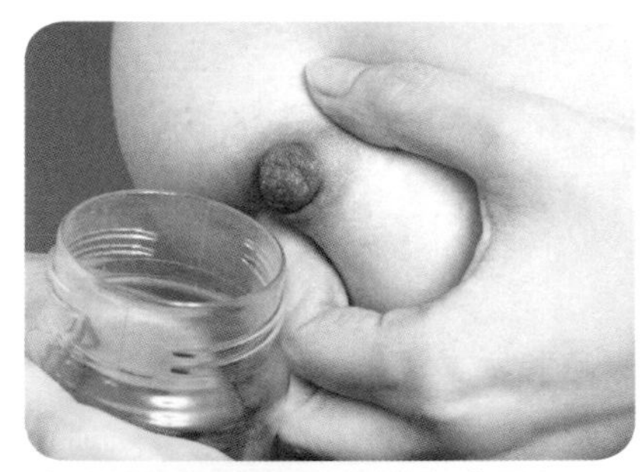
大拇指跟食指彎成C形放在乳暈上。

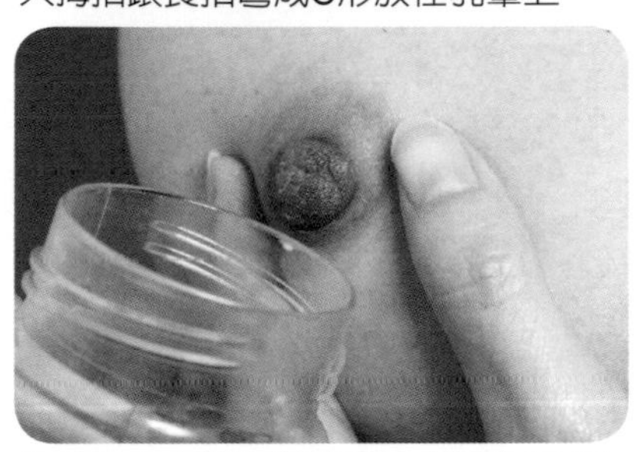
先往內均勻對稱地輕壓，再擠壓乳暈。

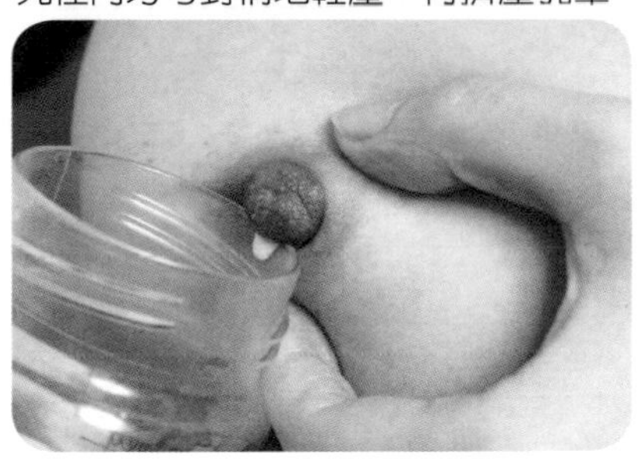
讓奶水流入寬口杯中。

擠奶方式

先把手洗乾淨，以大拇指跟食指彎成C形放在乳暈上，先往內均勻對稱地輕壓，再擠壓乳暈，每一次的擠壓要有固定節奏（壓—放，壓—放），就能順利讓奶水流入寬口杯中。每次擠奶的時間約15~20分鐘即可。

避免溢奶的窘境

當媽媽遇上這樣的狀況想必是相當手足無措的，尤其如果碰上正在開會，就更加情急。此時一定要以迅雷不及掩耳，神不知鬼不覺的方法來加以掩飾。那就是馬上將雙手臂交叉於胸前，當作掩護，其真正目的是直接施壓於兩側乳頭上，抑制乳汁分泌，避免乳汁因此溢出而產生尷尬（可延後約20分鐘）。除了隨身備妥溢奶墊（可以一直穿在內衣裡），並準備一件衣服，以備不時之需，當然，盡快找時間擠奶，才是解決之道。

如何擠奶

- 徹底的洗手。
- 舒服地站或坐著，拿著容器靠近乳房。
- 將大拇指放在乳頭上方的乳房上，食指在乳頭下方的乳房上（離乳頭2～3公分），對著大拇指，其他手指托住乳房。
- 將大拇指及食指輕輕地往胸壁內壓，避免壓太深，以免阻塞輸乳管。
- 以大拇指及食指相對，壓住乳頭及乳暈後方，擠壓到乳暈下的輸乳竇。
- 反覆壓放，避免手指在皮膚上滑動。
- 一邊乳房至少擠3～5分鐘，直到奶流變慢，然後擠另一邊，如此反覆數次。

❻ 其他狀況

動過隆乳手術

這要看媽媽所做的隆乳手術的切口來決定。目前植入義乳的位置多選擇在胸肌下方，並不會破壞乳腺，影響乳腺的正常功能，所以不影響脹奶問題，更與餵奶無關。如果植入義乳的位置是在乳房組織下方，比較靠近乳腺位置，萬一發炎，是有可能影響餵奶，不過，臨床上發炎機會甚低，因此無需過分擔心。

根據醫生經驗，真要說對餵奶有影響的隆乳手術，是指植入義乳的位置在乳頭、乳暈處，因為這會傷到乳管，而影響乳汁分泌。另外，還有一種情況是，有些媽媽因為懷孕生產而覺得自己胸部不如以前豐滿美麗，想藉助隆乳手術來恢復昔日的風采，此時，除了植入義乳，還必須同時實施乳房固定術，將乳頭、乳暈提高，必須將多餘的乳房皮膚去掉，此時乳房因為經過重新的組合，若再次懷孕，勢必會影響日後的餵奶。

換言之，單純隆乳，無礙餵奶。只要手術不切除乳腺組織，日後想再懷孕哺乳，基本上都不會有太大問題。不過，醫生建議，想要做乳房整形手術的人最好是不想再懷孕的媽媽。

擔心胸部變形（下垂、外擴、萎縮）

很多媽媽會把這個問題當作餵母奶的大敵，事實上，要提醒媽媽的是：隨著懷孕期間的乳房變大、變重，有些媽媽只想到輕鬆方便，一回到家就把內衣摘除，想讓兩個乳房透透氣，而變化就是從這裡開始的。因為逐漸變大、變重的乳房，一天天的失去內衣的支撐及包裹，地心引力時時吸引著它們，隨之而來的當然就是下垂與外擴了。所以，只要在懷孕及餵奶期間穿戴適當的內衣，不要只圖一時的方便與快意，那麼乳房變形的問題，就不用太擔心了！

至於萎縮?通常是誤會，隨著懷孕的變化，乳房有了前所未見的雄偉，令媽媽留下滿意的不得了的記憶，當它恢復原狀時，媽媽的落差就很大了，常被誤會認為是萎縮了。

防止產後乳房變形，除了調理自身的荷爾蒙之外，還可以藉由按摩、運動或沖水等方式來改善，不過，必須持之以恆，才能看見效果。

❤ 如果是輕微下垂的乳房，可由局部按摩來改善，媽媽可輕拍、揉捏乳房，方向則由下往上，慢慢靠向乳頭方向進行。

❤ 每天做增強胸肌的運動，如伏地挺身，或俯、或臥、或撐及雙手外展的擴胸運動，促使胸肌發達有力，增強對乳房的支撐作用，恢復彈性。

❤ 沐浴時，以冷水或溫水沖洗胸大肌或由下往上以水沖洗乳房，促使乳房有飽脹感。

❤ 離乳時，吃退奶食物（如韭菜、空心菜及生麥芽），不要打退奶針，比較不會有胸部變形走樣之虞。

身心靈愉悅的媽咪

❶ 哺乳期的性生活

❷ 我要乳房美好挺

❶ 哺乳期的性生活

產後多久才能享魚水之歡？

陰道分娩的過程是相當辛苦的，足月寶寶的頭圍約有35公分，產婦的陰道至少歷經了2小時的擠壓、硬撐用力才能將寶寶生出來，因此產婦的陰道及會陰部必然會水腫、瘀血；再加上分娩時的陰部撕裂傷、會陰切開及縫合，傷口雖然3~5天就能癒合。一般而言，產後6周，子宮、陰道就能恢復到非懷孕的狀態，但約有30%的婦女在產後2個月仍會感到性交疼痛。尤其是在生產時使用到「產鉗」或「真空吸引」的陰道分娩者，陰道及會陰的傷口更加嚴重，要恢復產後性生活最少需要2個月。

話雖如此，有些先生自從太太懷孕就開始禁慾，終於等到生產後，可能會有些迫不及待，其實只要在太太的首肯下，當產後惡露乾淨後也是可以！下列有幾點給先生的建議：

1 先生或家人應多體諒產後媽媽，協助照顧嬰兒及分擔家事，讓產後媽媽有多點休息的時間；若經濟能力許可，可花錢請短期歐巴桑幫忙做家事、帶孩子，以減輕產後媽媽的身體及心理負擔；或是讓媽媽到產後護理之家做月子，機構中有專業的護理人員可以幫忙照護寶寶及照顧產後身心俱疲的媽媽、提供營養月子餐，並開設專業的育嬰講座以提供媽媽更豐富的育兒常識。

2 無論自然生產或是剖腹生產的媽媽，都可能有內分泌改變及傷口疼痛的問題，產後的內分泌改變，會使陰道的分泌物減少，導致陰道乾澀，所以產後第一次行房時，先生要溫柔一點，增加前戲的氣氛醞釀，不要太過急躁，動作務必輕柔，必要時可使用陰道潤滑凝膠；如果產後媽媽仍然覺得疼痛，可能還需要忍耐一陣子，或找婦產科醫師檢查一

下，畢竟傷口能完全癒合是最重要的。通常性交不適只是暫時的，不要急於一時，待陰道、傷口自然復原之後，就能重拾閨房之樂了！

3男女雙方都會發現做愛的感覺走了樣，不夠緊緻，懷疑是因為生產過後陰道變鬆弛了！。那麼產後運動中的「凱格爾式會陰收縮運動」可以派上用場，它有助陰道收縮、增加彈性，隨時隨地都能做這個運動，產後媽媽可不能偷懶哦！凱格爾式會陰收縮運動，是收縮骨盆肌肉的運動，如同正當在小便中，運用收縮的力量中止小便繼續排放的動作。

和先生溫存時會滴奶，真尷尬？

一般來說，夫妻之間溫存時常會有肌膚之親，尤其是當先生的手遊走在乳房時，會啓動老婆身上的荷爾蒙分泌（泌乳激素及催產激素等），而導致乳汁分泌。通常量不會很多，但有些媽媽對這樣的狀況會感到困擾，此時，可在每天睡前盡量排空乳房，比方說：先餵飽寶寶，或使用吸奶器排空乳房，如此一來，就算不是為了突如其來的溫存，也能避免半夜因脹奶而醒來，讓媽媽一夜好眠！另外，也可先與先生溝通，盡量避免撫摸乳房，或是避免將胸罩脫除。當然，也有些夫妻並不在意滴奶這回事，反而將此當作閨房樂趣！

❷ 我要乳房美好挺

準媽媽的夢魘——乳房變形

胸部變化，是懷孕期間僅次於腹部變化的部位。從懷孕第2個月開始，因為荷爾蒙的作用而促進乳腺發達，乳房的體積會漸漸變大且敏感。若沒有做好胸部護理動作，很容易導致胸部萎縮、下垂、外擴、鬆弛，有的還會產生胸部妊娠紋。通常生產過後的女性會遇到的胸部外觀問題，包括乳房、乳頭或乳暈這三個部位的改變。

乳房形狀的改變

乳房的改變包括體積、形狀、柔軟度與皮膚的改變，亦即體積變大或萎縮，形狀下垂，柔軟度變差，皮膚失去彈性或有肥胖紋。臨床上，產後媽媽的夢魘之一是，脹奶時為「E」罩杯，哺乳期結束倒縮成「B」。根據統計，原來是A罩杯的媽媽，產後有可能增大至B罩杯；而懷孕前胸型較豐滿的媽媽，產後的確有變小的可能性，不過也有不少媽媽發現產後反而讓胸前更偉大了！但這跟遺傳、體質甚至飲食都有關係。另外，年紀愈大的媽媽，愈容易產生胸部下垂的可能，如果媽媽年紀不大，彈性恢復比較好，就比較不會下垂。

乳暈顏色的改變

女性的荷爾蒙會造成色素沉澱，所以在懷孕與餵奶時乳房會變黑，但多數媽媽產後會慢慢轉淡，不過要完全恢復到原來粉嫩的色澤，就得視體質而定。在餵奶期間為避免寶寶誤食，僅用潤膚乳霜保養即可，等停止哺乳後，再以褪斑膏(乳暈霜)配合角質溶解劑治療。

對於要求完美者，雷射是另一選擇，不僅是顏色，大小、形狀皆可修飾，只是需要相當的技巧。透過雷射破壞色素細胞，待兩周後，傷口重新癒合，乳暈就能呈現粉紅色，不過術後仍需塗抹乳暈霜，協助維持效果，一般來說，皮膚較黑者，乳暈較容易反黑。至於雷射價格視乳暈大小而定，一般人大約6,000~8,000元，但若乳暈過大，就得要上萬元。如果乳暈顏色不深，也可以DIY塗抹含熊果素、果酸成分的乳暈霜，來尋求改善。

還有部分媽媽為求「速成」，直接把乳暈刺青成粉紅色，對此，多位整形醫師表示，臨床上碰到過很多乳暈刺青，因色澤「失真」，前來要求善後，然而，紅色刺青是最難除去的，想藉此美「紅」乳暈者，應多三思。

乳頭形狀的改變

最常見的是乳頭下垂，少部分則會出現乳頭凹陷或乳頭變大。一般說來，乳頭下垂是因為胸部下垂合併的現象，在正常情形下，尤其是年輕的女性，乳頭的水平線應該在整個乳房的2/3處或1/2處，如果乳頭的水平線低於乳房的2/3，就是所謂的乳房下垂。

什麼樣的乳房才稱得上是漂亮？

一般認為好看的乳房是呈現水滴狀或眼淚形狀，乳頭朝前方，上面比較平，下面比較圓潤豐厚，乳頭直徑約1公分，高8mm左右，乳暈的直徑不超過4公分，且乳頭的顏色愈粉紅愈漂亮。

產後美胸非常手冊

乳房按摩

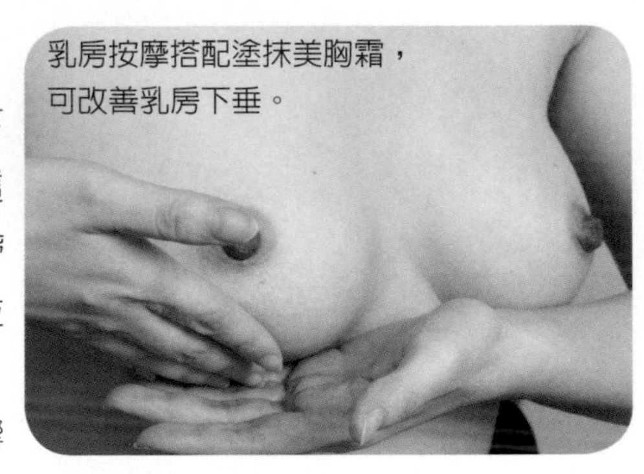
乳房按摩搭配塗抹美胸霜，可改善乳房下垂。

如果只是輕微的乳房下垂，可由局部按摩來改善。這時按摩的手技特別要求胸韌帶的拉提，以改善鬆垮現象，並記得搭配塗抹美胸霜或健胸霜（胸部專用，且以純天然成分之產品為主，才不會有影響母奶品質之疑慮）一起使用。每日1~2次，由乳房基部往頸部方向，由內往外畫圓形按摩胸部，若要看見效果，絕對得持之以恆。

懷孕初期即可開始使用，除可加強刺激循環活化腺體組織，改善產後或減肥後胸部萎縮變形，亦可增強胸部及前胸及肩頸肌膚細緻彈性，提升胸部線條，防止下垂變形及黑色素沉澱。

穴道按摩

指壓穴道的主要目的雖是在打通乳房經脈，供給乳房所需的營養，同時促進了這些經脈的氣、血及淋巴液的循環，進而改善體質。一般而言**膻中穴**：兩乳頭中間、平第四條肋骨間隙。**乳根穴**：乳頭直下，乳房底端，第六條肋骨之間。

這兩個穴道比較容易找出，按壓穴點時以拇指內側指關節壓住穴道點，並用力往下壓，往下壓的同時，心中默數1、2、3、4、5、6數到6時，指力應是最深入穴道點，稍稍停留2~3秒，然後數5、4、3、2、1，漸漸全部鬆開，拇指仍停留在穴道點上2~3秒，接著重複指壓的動作，每個穴道至少需按壓5次，才會有效果。

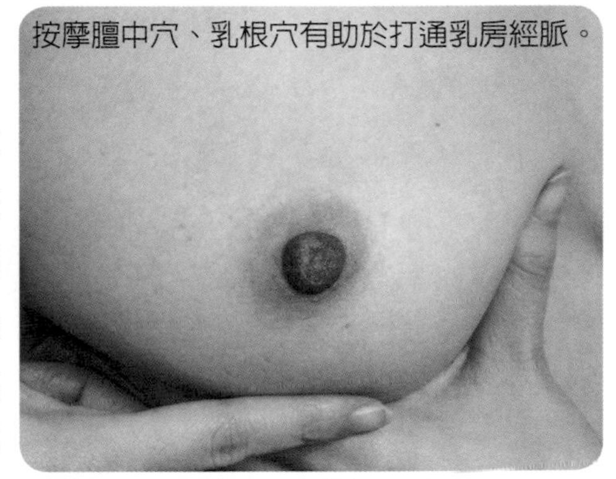
按摩膻中穴、乳根穴有助於打通乳房經脈。

以冷水局部刺激

沐浴時，用蓮蓬頭以冷水沖擊胸部，由下往上、由外往內以畫圓的方式沖擊乳房與胸大肌，1圈以1分鐘為主，至少3到5圈，然後擦乾身體，塗抹適量的美胸霜或健胸霜。此舉可增加乳房肌膚的彈性與緊實度，是很多女星與女藝人最推崇讓胸部UP UP與ㄉㄨㄞ ㄉㄨㄞ的方法。但也需持之以恆，勤勞不中斷，才有成效。提醒你，在用冷水沖擊前，還是要先用溫熱水對全身淋浴，等身體維持在相當的溫度時，再施行冷水沖擊。

健胸運動

做增強胸肌的運動，如伏地挺身，剛開始每天做10個，視你的狀況慢慢增加到20個。另外，國外健身教練也建議「貼地飛翔」運動促使胸肌肉發達有力，增強對乳房的支撐作用，有助健胸。

貼地飛翔運動：面朝下趴伏於地面，雙腿伸直併攏，張開雙臂與肩膀成一直線，掌心朝向地面。收緊小腹，並將頭、胸與手臂抬離地面數公分，持續該狀態約5秒鐘，再放下。此動作剛開始也是每天做10個，適應之後，慢慢增加到20個。

另外，醫界建議啞鈴運動可以減緩乳房鬆弛。

啞鈴運動：雙手各拿一個兩磅的啞鈴，向兩旁伸直雙臂，以逆時鐘方向畫直徑30公分的圓圈，做15下，慢慢擴大圓圈，再做15下。再擴大、再重複，慢慢的把圓圈增加到每次50下。天天做，兩個月後就有明顯改變。

穿對內衣

穿戴胸罩是預防胸部鬆弛最好的方法，而懷孕與哺乳時受到荷爾蒙作用，胸部會脹大，使用尺寸適合的全罩式孕婦內衣與哺乳內衣，可減少胸部下垂所造成的皮膚拉扯，以避免胸部、腋下產生妊娠紋。另外，地心引力也是雙峰下垂的罪魁禍首，所以平常坐著或站著時盡量不要彎腰駝背，還有睡覺時盡量不要側睡在同一邊。

吃對食物

除了體質與遺傳，營養也與產後胸部變形息息相關。哺乳期間除了要有充足的休息及睡眠外，應盡量多吃富含膠原蛋白，如肉皮、豬蹄、牛蹄、牛蹄筋、雞翅以及蛋白質含量多的食物，例如肉類、豆類、牛奶、蛋類等含高蛋白及脂肪的食物，再加上蔬菜類（每日3小盤）、水果類（每日2份以上）及補充充足的水分。

可以利用的周邊資源與支持

❶ 母嬰親善醫院

❷ 母乳庫

❸ 另一半的協助

❶ 母嬰親善醫院

何謂母嬰親善醫院？和一般產科醫院有何不同？

世界衛生組織及聯合國兒童基金會於1991年開始在全球提倡「全球母嬰親善醫院運動」，其宗旨在創造一個讓母乳哺餵成為常規的醫療照顧環境，並給予每個嬰兒生命最好的開始。而根據此宗旨，訂出了母嬰親善醫院的十大措施（此措施是根據Babay Friendly Hospital Initiate，簡稱BFHI，所訂定的全球標準）。

由於母嬰親善醫院必須通過標準認證，所以目前全台灣共有81家醫療院所，其中包括醫學中心16家、區域醫院48家、地區醫院14家、開業診所3家（根據民國94年國民健康局母嬰親善醫療院所認證名單，如附表）。

以下便是促使成功哺餵母乳的十大措施：

1.有正式文字的哺餵母乳政策，並和所有醫療人員溝通，以促使醫院高層的支持，及團隊的合作順利。

2.有效並正式地訓練所有相關之人員（包括婦產科、小兒科醫師以及所有相關護理人員）且徹底實施這些政策的技巧。

3.讓所有的孕婦都能清楚地了解哺餵母乳的好處以及如何成功哺餵母乳。

4.協助產婦在生產後半小時內開始哺餵母乳（即產檯上即刻吸吮母乳）。

5.實際教導並協助母親如何餵奶，指導母親必須與寶寶分開時（早產兒或需特殊治療的寶寶），如何維持母乳的分泌（尤其是當母親第一次哺乳時，更需要哺乳專家的指導及鼓勵）。

6.除非有特殊需求，否則不要給寶寶母乳以外的食物（包括葡萄糖水及配方奶）。

7.有效地實施24小時母嬰同室。

8.鼓勵媽媽依照寶寶的需求餵奶，不要限制哺乳時間的長短及頻率。

9.不要給予餵母乳的寶寶人工奶嘴或安撫奶嘴。

10.協助建立哺餵母乳的支持團體，並於媽媽出院後轉介至該團體。

由於行政院衛生署國民健康局及婦產科醫學會的推行，愈來愈多醫療院所參與母嬰親善醫院的行列，然而在執行母嬰親善時，仍會遇到不少問題：

❤ 耗費更多的人力，去協助母嬰同室的執行，產前的衛教工作及產後的追蹤輔導。

❤ 可能引起除了母親本身以外的家屬誤會（如：婆婆或媽媽），醫院為何不讓寶寶一出生便在嬰兒室給予配方奶的哺餵，而要將寶寶推到病房，是否此醫院的護理人力不夠或特別懶惰。

❤ 花費更多成本，比如：教育訓練、環境布置、人事成本甚至電話費等。

雖然困難重重，但經由統計的數字顯現母嬰親善醫院的母乳哺餵率比一般的婦產科醫院高出許多（住院時為91：57），其成功持續哺餵的比率也增加（滿月時為75：54）！亦即，母嬰親善醫院已逐漸發揮實際功能，將哺餵母乳的觀念推向全民。

94年度母嬰親善醫療院所認證合格名單

序號	區域	機構名稱	郵區	聯絡地址
1	北區	台北市立聯合醫院和平院區	100	台北市中華路2段33號A棟6樓
2	北區	國立台灣大學醫學院附設醫院	100	台北市中山南路7號
3	北區	台北市立聯合醫院中興院區	103	台北市大同區鄭州路145號
4	北區	馬偕紀念醫院	104	台北市中山北路2段92號
5	北區	財團法人長庚紀念醫院	105	台北市敦化北路199號
6	北區	基督復臨安息日會台安醫院	105	台北市八德路2段424號
7	北區	台北市立聯合醫院仁愛院區	106	台北市仁愛路4段10號
8	北區	台北醫學大學附設醫院	110	台北市吳興街252號
9	北區	台北市立聯合醫院陽明院區	111	台北市士林區雨聲街105號
10	北區	新光吳火獅紀念醫院	111	台北市士林區文昌路95號
11	北區	台北榮民總醫院	112	台北市石牌路2段201號
12	北區	財團法人振興復健醫學中心	112	台北市北投區振興街45號
13	北區	三軍總醫院	114	台北市內湖區成功路2段325號
14	北區	國泰綜合醫院內湖分院	114	台北市內湖路2段360號
15	北區	財團法人康寧醫院	114	台北市內湖區成功路5段420巷26號
16	北區	台北市立聯合醫院忠孝院區	115	台北市南港區同德路87號
17	北區	台北市立萬芳醫院	116	台北市興隆路3段111號
18	北區	財團法人長庚紀念醫院基隆分院	204	基隆市麥金路222號
19	北區	亞東紀念醫院	220	台北縣板橋市南雅南路2段21號
20	北區	天主教耕莘醫院	231	台北縣新店市中正路362號
21	北區	新莊惠欣婦產科小兒科診所	242	台北縣新莊市建中街72-1號
22	北區	行政院衛生署新竹醫院	300	新竹市經國路1段442巷25號
23	北區	林鴻偉婦產科診所	300	新竹市民生路287號
24	北區	財團法人馬偕紀念醫院新竹分院	300	新竹市光復路2段690號
25	北區	國軍桃園總醫院	325	桃園縣龍潭鄉中興路168號
26	北區	敏盛綜合醫院	330	桃園市經國路168號
27	北區	天主教聖保祿修女會醫院	330	桃園市建新街123號
28	北區	林口長庚紀念醫院	333	桃園縣龜山鄉復興街5號

序號	區域	機構名稱	郵區	聯絡地址
29	中區	財團法人為恭紀念醫院	351	苗栗縣頭份鎮信義路128號
30	中區	大千綜合醫院	360	苗栗市新光街6號
31	中區	澄清綜合醫院	400	台中市平等街139號
32	中區	台安醫院	401	台中市東區進化路203號
33	中區	中山醫學大學附設醫院大慶院區	402	台中市南區建國北路1段110號
34	中區	署立台中醫院	403	台中市三民路1段199號
35	中區	中國醫藥大學附設醫院	404	台中市北區育德路2號
36	中區	澄清醫院中港院區	407	台中市西屯區中港路3段118號
37	中區	台中榮民總醫院	407	台中市台中港路3段160號
38	中區	林新醫院	408	台中市南屯區惠中路3段36號
39	中區	權霖婦產科診所	408	台中市大業路309號
40	中區	國軍台中總醫院	411	台中縣太平市中山路2段348號
41	中區	菩提醫院	412	台中縣大里市西榮里中興路二段621號
42	中區	財團法人仁愛綜合醫院	412	台中縣大里市東榮路483號
43	中區	行政院衛生署豐原醫院	420	台中縣豐原市安康路100號
44	中區	光田綜合醫院沙鹿總院	433	台中縣沙鹿鎮沙田路117號
45	中區	童綜合醫院	435	台中縣梧棲鎮中棲路一段699號
46	中區	光田綜合醫院大甲分院	437	台中縣大甲鎮經國路321號
47	中區	李綜合醫院大甲分院	437	台中縣大甲鎮平安里八德街2號
48	中區	順安醫院	500	彰化市光復路53號
49	中區	彰化基督教醫院	500	彰化市南校街135號
50	中區	漢銘醫院	500	彰化市中山路1段366號
51	中區	秀傳紀念醫院	500	彰化市中山路1段504號
52	中區	彰化基督教醫院二林分院	526	彰化縣二林鎮大成路1段558號
53	中區	泰宜婦幼醫院	551	南投縣名間鄉新街村彰南路571-1號
54	南區	財團法人嘉義基督教醫院	600	嘉義市忠孝路539號 護理部

序號	區域	機構名稱	郵區	聯絡地址
55	南區	財團法人天主教聖馬爾定醫院	600	嘉義市大雅路2段565號
56	南區	財團法人長庚紀念醫院嘉義分院	613	嘉義縣朴子市嘉朴路西段6號
57	南區	佛教慈濟綜合醫院大林分院	622	嘉義縣大林鎮民生路2號
58	南區	財團法人天主教若瑟醫院	632	雲林縣虎尾鎮新生路74號
59	南區	台南市立醫院	701	台南市崇德路670號
60	南區	台灣基督教長老教會新樓醫院	701	台南市東門路一段57號
61	南區	郭綜合醫院	703	台南市民生路2段18號
62	南區	奇美醫院	710	台南縣永康市中華路901號
63	南區	奇美醫院柳營分院	736	台南縣柳營鄉太康村201號
64	南區	健新醫院	801	高雄市前金區七賢二路295號
65	南區	阮綜合醫院	802	高雄市苓雅區成功一路162號
66	南區	財團法人天主教聖功醫院	802	高雄市建國一路352號
67	南區	高雄市立聯合醫院	804	高雄市鼓山區中華一路976號
68	南區	吳昆哲婦產小兒科醫院	806	高雄市前鎮區民權二路430號
69	南區	高雄醫學大學附設中和紀念醫院	807	高雄市三民區自由一路100號
70	南區	高雄市立小港醫院	812	高雄市小港區山明路482號
71	南區	高雄榮民總醫院	813	高雄市左營區大中一路386號
72	南區	義大醫院	824	高雄縣燕巢鄉角宿村義大路1號
73	南區	高雄長庚紀念醫院	833	高雄縣鳥松鄉大埤路123號
74	南區	寶建醫院	900	屏東市中山路123號
75	南區	財團法人屏東基督教醫院	900	屏東市大連路60號
76	東區	行政院衛生署宜蘭醫院	260	宜蘭市新民路152號
77	東區	天主教靈醫會羅東聖母醫院	265	宜蘭縣羅東鎮中正南路160號
78	東區	羅許基金會羅東博愛醫院	265	宜蘭縣羅東鎮南昌街83號
79	東區	台灣基督教門諾會醫院	970	花蓮市民權路44號
80	東區	財團法人佛教慈濟綜合醫院	970	花蓮市中央路3段707號
81	東區	台東馬偕紀念醫院	950	台東市長沙街303巷1號

❷ 母乳庫

何謂母乳庫

我們知道母乳中含有最完整且豐富的營養素，可提供寶寶出生至6個月足夠的營養需求，並持續提供相當的營養成分到至少2歲以上，它是寶寶出生後最好的食物來源。為了讓無法喝到母奶的新生兒有機會分享母乳的美好，並讓有多餘奶水的媽媽可以有貢獻珍貴母奶的機會。研究文獻指出：餵食早產兒母乳（自己母親或捐贈的母乳），可減少壞死性腸炎的發生，並將所有母乳的好處發揮到極點，使早產兒身強體壯，早日脫離醫院回到媽媽的懷抱，同時節省住院成本；平均母乳捐贈需求率為2%。

母乳庫採用先進設備，包括恆溫控制、滅菌殺菌設備以及嚴格的檢驗設備，才能讓愛心媽媽們提供的母奶有最好的儲存環境。整個母乳庫的管理包括捐贈者的記錄、母乳的標示、冷凍櫃的溫度控制、冷凍母乳回溫的標準作業流程等。目前包括美國、加拿大、英國、北歐、巴西或是中國大陸等都有正式母乳庫的成立。

什麼樣的人可以捐贈母乳？

母乳捐贈者必須經過嚴格篩選：沒有抽菸，沒有服用任何藥物，健康狀況良好的哺乳媽媽，並如捐血者一樣，接受過愛滋病毒HIV1和2、人類T淋巴球病毒HTLV 1和2、B和C型肝炎血液篩檢呈陰性，同時梅毒血清反應也必須呈陰性，且沒有肺結核病史。另外，如果在最近12個月內接受過輸血者、每天飲用超過60c.c.的酒精飲料、採用全素而且沒有補充維他命或是有藥癮者，都不適合捐贈奶水。

若遇上捐贈者有下列狀況時得須暫停捐贈奶水：有急性的傳染性疾病（如乳腺炎或乳頭黴菌感染），家中有人得到德國痲疹的4周內，媽媽本身接受活性疫苗（如口服小兒痲痺疫苗、痲疹、德國痲疹、腮腺炎疫苗注射的4周內），喝酒後12小時內，疹病毒或水痘感染，都須立即暫停捐贈奶水，以確保乳汁的最佳品質。

取得母乳庫奶水的條件

母乳庫的成立，主要在幫助實際需要藉由母乳補給的寶寶。依據北美母乳庫協會（HMBANA）規定，母乳庫的母乳必須在醫生的處方下才可提供給早產兒、吸收消化不良、配方奶耐受不良、免疫功能不全、先天異常或剛開完刀的寶寶。有些地區在母乳庫的奶水充足情況下還可提供給領養的寶寶、母親因為某些情況必須暫停哺乳，或是媽媽的奶水分泌有問題時使用。符合條件者，可向各大醫院母乳庫提出申請，由醫院按當時的母乳存量，依個案的輕重緩急，來決定需求者的先後順序。

由於目前正式設立的母乳庫並不多，呼籲大家能留給真正需要的寶寶。然而有些媽媽在不符合條件的情況下，於網路上透露「急需母乳」，引發好心的媽媽直接提供母奶，此種行為極有可能在雙方皆不知情的情況下，造成寶寶潛在性的傷害，其實是得不償失！另外，專業的醫護人員一再提醒：隨意接受來路不明或未經正式檢驗的母乳，是相當危險的。

行政院衛生署國民健康局母乳哺育網站及諮詢專線

0800-870870 (台語諧音：要餵奶要餵奶)

網址：http://www.bhp.doh.gov.tw/asp/breastfeeding/

專線服務時間：星期一至星期五早上 08:00~12:00 下午 12:30~17:30

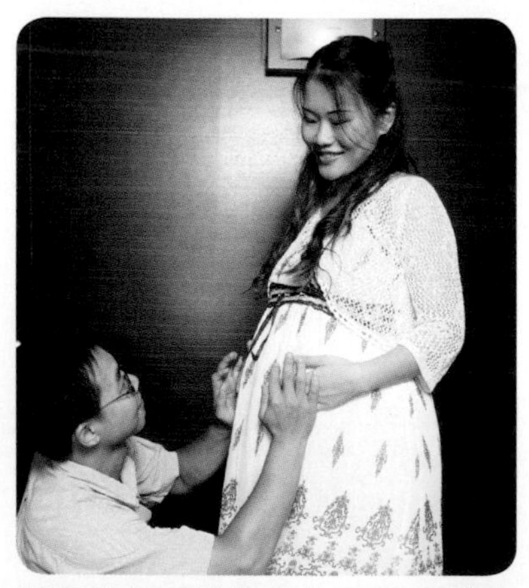

從產前的「拉梅茲生產呼吸減痛法」到產後的母乳課程，爸爸都不應該缺席。

❸ 另一半的協助

太太在餵奶，爸爸該扮演什麼角色呢？

就像一個不變的定律：餵母乳是女人家的事。從平時的產前媽媽教室來觀察就可以明顯的得知：當上課主題是拉梅茲生產呼吸減痛法時，起碼一半以上的爸爸會主動參加；而上母乳課程時，爸爸的人數是小貓兩、三隻。問問沒來的爸爸，他們統一的回答是，母乳課我去做什麼，我又沒辦法幫忙。殊不知在餵母乳這件事情上，爸爸所扮演的角色其實是相當重要的，甚至是能不能成功餵母乳的最大關鍵之一。所以在此特別呼籲，母乳的課程應該是由爸爸，甚至婆婆、媽媽陪同參與，那麼，母乳的哺餵率應可再大大的提升呢！

太太需要先生的支持

餵母乳是一個全新的經驗，無論媽媽、爸爸，甚至連寶寶都是在出生後才開始學習（就算是第二胎、第三胎的寶寶，他們都是一個新的生命個體，都需要媽媽及爸爸的支持下來學習）。既然是一個新角色，而先生又是太太重要支持者，若沒有得到先生的支持，只由太太孤軍奮鬥，可能會導致身心疲憊，嚴重者還可能出現產後的情緒低落或是憂鬱症呢！

隨時關心可能過於勞累的太太

由於母乳的哺餵，每天約10~12次，若在寶寶及媽媽都尚未熟悉之下，次數可能會再加幾次，且每次哺餵的時間可能會依照媽媽及寶寶不同的狀況而長短不一，加上每位寶寶的脾氣及需求也不同，所以媽媽所要付出的心力更是不同。坐月子期間可能還好（尤其是住在產後護理之家的媽媽，隨時都有醫護人員可以協助）。當滿月後，所有的工作接踵而來，但大家可能無法了解你的身邊多了一個寶貝要照顧，會占去你大多數的時間，讓你每天都有做不完的工作，此時先生應更加關心太太，「三餐吃了沒（很多媽媽為了忙寶寶的事而沒有時間吃飯，這是真的，一點都不誇張）、昨晚睡得好嗎？（為了餵母奶，整夜都像驚弓之鳥，無法好好入眠）」，必要時給予協助。

爸爸在媽媽忙碌的時候幫忙哄孩子、做家事，既能促進親子關係，也能讓家庭氣氛融洽。

真心體諒繁忙、疲累的太太

沒有親自帶過孩子的人，絕對無法體會一位新手媽媽自己一個人帶寶寶，甚至親自餵母乳是多麼忙碌的一件事。她可能沒空或不方便接電

話（因為寶寶正在喝奶或正準備入睡），除了要餵好寶寶外，清潔寶寶周圍的環境，每天清洗寶寶的衣服（每天不止一套衣服、床單，因為調皮的寶寶隨時都有可能吐奶或小便、大便弄濕衣服或弄髒床單），不定時會遇上寶寶耍脾氣或耍賴，當媽媽的就得花心思哄他。更何況寶寶一天比一天大，睡眠的時間就愈來愈短，而寶寶清醒的時候，就是媽媽要與寶寶培養親子關係並教育寶寶的時候，再加上正常每約10~12次的餵奶，所以先生回家後會發現：可能凌亂不堪的家（沒時間打掃）、衣服洗了但還沒晾、精疲力竭的太太。此時，先生若一回家就開始抱怨，那麼一場男人與女人的戰爭將自此展開，所以請先生一定要體諒，發揮您的同理心及幽默感，甚至捲起袖子幫幫忙，畢竟家是由先生及太太共同組成的，不要將家事完全歸給太太一個人，尤其是多了一個小寶貝，更應該兩人同心，攜手走過這一段日子。

別忘了服務一下太太

先生下班時，可以順便帶晚餐，或是帶太太喜歡吃的營養點心回家。然後盡可能給太太一點協助，比如說：哄哄寶寶或帶寶寶去散散步，讓太太有點空間可以好好地洗個澡、吃個飯（因為白天，孩子可能無法離開媽媽，而使得媽媽連上廁所都要將門打開，讓寶寶能隨時見到媽媽）。相信這樣的舉動，會讓太太十分感動！

當太太餵完奶時，先生可以接手過來哄寶寶睡覺

因為爸爸溫暖的胸膛及厚實的臂膀是寶寶的最愛，如此不但先生有成就感、參與感，更能促進爸爸及寶寶的親子關係，同時讓太太休息或做做餵奶前未完成的事。

解開餵母奶的疑惑

23個常見Q&A

是的，母乳最好。很多媽媽們都知道母奶的優點多的數不清，也表達餵母奶的意願，但最後卻仍給寶寶喝配方奶。根據調查發現，讓媽媽放棄的理由是心裡早已存在的迷思。這些迷思包括了錯誤的觀念以及難解的問號。

A 退奶針的藥理作用是抑制大腦前葉泌乳激素的分泌，而乳房的大小取決於乳房中脂肪組織的多寡，所以，打退奶針是不會影響乳房的大小的。多數的媽媽在產後會覺得自己的乳房變小了，歸咎的原因有很多：生小孩、餵母乳、打退奶針、月子沒做好、營養流失……等；其實不然，有部分的媽媽會發現，生完寶寶後，罩杯也升級了！原因不疑有他，就是「善待乳房」，懷孕會使得胸前變得史無前例的雄偉，引發媽媽傲人的成就感，倘若媽媽們在懷孕及餵母乳的階段貪圖輕鬆、方便，忽略了對乳房的照護，省略了內衣的支托，導致乳房下垂、外擴，再加上產後「恢復原狀」，讓媽媽們大失所望，只能期許調整型內衣協助自己「調兵遣將」，將流落在外地的脂肪硬撥回來，何苦來哉？

話雖如此，如果是打了退奶針之後，又因為母愛的光輝，再度興起想餵母乳的念頭怎麼辦？天下無難事，只怕有心人，只要媽媽心中有寶寶，腦海中充滿了寶寶可愛的畫面，並且勤奮親自哺餵母乳，讓寶寶再度有機會吸吮乳房，來啓動媽媽的母乳機制，那麼乳汁仍然是可以源源不絕的。

A 一般而言，建議哺餵母乳至少6個月，但是母乳要餵到什麼時候較恰當？何時該離乳？真的沒有一個標準答案。完全應該依照媽媽及寶寶的狀況而訂，最重要的是讓寶寶自然離乳，甚至餵到2~3歲都是沒問題的。不過，要注意的是：母乳的成分會隨著寶寶的成長而有所變化，所以當寶寶6個月，建議給予添加副食品，補充寶寶的營養，並建立寶寶未來的飲食習慣。然而當寶寶1歲時，母乳的營養約占寶寶需求的35%~50%，也就是說此時的寶寶不能僅依賴母乳為主食了。

離乳是兩個人的事，是媽媽及寶寶所共同面臨的事，有些媽媽在寶寶準備離乳期間或剛完成離乳時，覺得寶寶不再需要媽媽了，會有些許甚至嚴重的失落感，而影響情緒，這正是媽媽需要自我調適的地方。然而在寶寶的部分，需要注意到下列幾點：

1.採漸進式離乳

突然離乳對媽媽而言可能會導致消化不良、乳腺發炎；寶寶則可能會變得焦慮不安。最好的方法是逐次遞減，先選擇一次寶寶最有可能可以不需要母乳的時間，提供替代品取代母乳。

2.選擇替代品

1歲以下的寶寶仍然需要吸吮的滿足，在離乳期間可能需要借助奶瓶或奶嘴，不過有些寶寶並不喜歡奶瓶或奶嘴，那麼媽媽可能要選擇較稠的食物來取代，以增進飽食感。

3.密切觀察寶寶

在離乳期間，寶寶的情緒反應可能會出現焦慮、不安、易怒、情緒低落、失望等，此時的你應放慢速度，給予寶寶足夠的關懷，等待寶寶情緒較穩定時，再往下一個步驟進行；或許這樣的期間會很久，但是這可是幫助寶寶進入人生另一個階段非常重要的時期，急不得的。

4.不要強制性的與寶寶分開

有些父母會聽從長輩的建議，只要和寶寶分開7~10天，寶寶就會自然忘掉母奶了；是的，我想寶寶是會忘掉母奶，但也會對父母失掉信心；對寶寶而言同時承受離乳及分離的痛苦，難度實在太高了，極有可能造成身、心的雙重傷害，你忍心嗎？

5.爸爸也很重要

一般而言，媽媽都是餵完奶後順便哄寶寶入睡，在準備離乳期間，每次餵完奶後可將寶寶交給爸爸幫忙哄，讓寶寶逐漸習慣媽媽以外的人，如此能漸漸降低寶寶對媽媽的依賴。

A 很多胸部小的媽媽總會擔心奶量不足無法餵飽寶寶。其實，乳汁的分泌是一種「供需原理」。寶寶需求量越大，媽媽的分泌量就會增加，即使儲存量不足，媽媽仍然可以在寶寶吸吮後30分鐘，分泌足量的乳汁以滿足寶寶下一餐的需求，所以無論胸部或大或小，都不會影響乳汁的分泌量。只要持續的讓寶寶吸吮乳房，不斷地將乳汁排出，分泌量必能源源不絕，且一天比一天多，這是一個不變的定律。

Q4 母奶寶寶會很難帶，黏媽媽不獨立嗎？

喝母奶是給寶寶安全感最直接的方式。

A 許多母奶寶寶的照顧者如保母等，常常會因為這個理由要求「退貨」，或者建議（其實是半強迫）改以配方奶餵食。其實從國外的諸多有關兒童心理學方面的研究顯示，小時候愈能提供寶寶足夠的安全感，長大後寶寶的性格是比較有自信而且比較正向的。而喝母奶是給寶寶安全感最直接的方式，讓寶寶在足夠的擁抱下長大。

吃母奶，且自然離乳的寶寶們（大部分的寶寶會在2歲到4歲之間自然離乳），通常人格特質是比較獨立且有自信的。因為，他們不是在充滿壓抑與恐懼地被迫獨立，而是坦然自信地成為一個獨立的人。他們從媽媽的乳房獲得了撫慰，經歷了更多的親密接觸，從而建立起安全感，並自然而然地發展出足夠的能力，來自己決定離乳。當他們準備好可以離乳的時候，他們會清楚知道自己已經「完成」了一個某階段，可以往下一個階段邁進了。離乳是他們人生的一個重要里程碑。

所以，喝母奶不會讓寶寶變得依賴難帶，也許有個案是因為母奶強化了寶寶的依賴事實，然而，請相信，罪魁禍首絕不是餵母奶所造成的，而是每位寶寶都有被呵護的需求，只是母乳媽媽通常能經常性的主動給予安全感，而其他寶寶卻要學習著用不同方式要求獲得撫慰（如哭、吸吮自己的拳頭），假若寶寶經常性的無法滿足需求，那麼寶寶只好被迫捨棄要求，而無奈的選擇自力自強，可憐無助的寶寶慢慢的開始累積退縮及自卑等負面的性格。

A 的確有些寶寶情況如此，因為母乳是非常容易被消化的食物，因此相對於配方奶寶寶，需要較頻繁的餵奶次數，對於需要上班的父母尤其造成困擾。

不過，若母親能學習躺餵技巧，半夜寶寶需要喝奶時，只要輕輕攬住寶寶，讓寶寶自動吸吮乳房，則全家都不需要起床安撫寶寶，比喝配方奶更輕鬆。通常，媽媽夜間母乳的分泌量約為白天的1.5~2倍，絕對有機會讓寶寶吃得飽、睡得好；同時，當媽媽分泌乳汁時，身體同時會分泌較多促進睡眠的荷爾蒙，讓媽媽邊餵邊睡。

而且寶寶也會漸漸地建立自己的睡眠機制，可將晚上的睡眠時間拉長，慢慢的也會有一覺到天亮的機會，只是每位寶寶的情況不同罷了，有些寶寶滿月後夜晚的睡眠時間就開始延長，如果你有這樣孝順的寶寶，應感到非常的欣慰；倘若不是如此，不用生氣，其實寶寶夜晚沒睡好，他們自己也不舒服，給他們一點時間去調適，通常3個月內就會漸漸改善了。

A 吃麻油雞酒是產後做月子補身的傳統習俗，通常會以老薑、麻油及米酒來烹調。其中的麻油是以黑芝麻提煉，含有不飽和脂肪酸，並且可以幫助子宮收縮，不過芝麻是屬於高過敏食物，如果擔心寶寶過敏的問題，可改以苦茶油替代；而適量的米酒在中醫方面可當為藥引，可以促進全身氣血循環，並且增加口感；只是酒精成分會經過母乳進入寶寶體內，研究發現：新生兒攝取少量的酒精會影響寶寶睡眠，若長時間飲用擔心會影響寶寶的肝臟及腦神經發育。一般而言，媽媽吃麻油雞酒經過檢測是在食用後30分鐘，母乳中酒精濃度達最高峰，而在3個小時後會消失。所以，安全起見，建議媽媽們在料理時可以選用半水半酒，烹煮時間要超過45分鐘，並且每天不超過兩碗的份量，另外可以考慮吃麻油雞酒前及吃完後4小時再進行哺乳，或者事先將母乳擠出來備用是最安全的方法。

Q7 聽說配方奶的營養與母乳差不多，餵母乳易傷身，是真的嗎？

A 由於坊間琳琅滿目的配方奶廣告令人目不暇給，各式如：比菲德氏菌、葉酸、DHA等的營養素名詞，易讓人產生「不會差母乳太多、甚至較高級」的錯覺，媽媽們觀念裡對配方奶已有接受的態度，自然在遇到不順時，便易於妥協改用配方奶。

另外，很多媽媽以為餵母乳是件極為傷身的事，部分老一輩的人甚至有「一滴乳、一滴血」的錯誤觀念，在這樣的狀況下，母親哺餵母乳的意願自然無法提升，而導致代代不斷的惡性循環。

其實所有的配方奶都是仿照母乳，標榜較接近母乳，但它們終究還是加工食品，永遠無法與母乳相同，光是提供抗體這點就無法相提並論了，更何況是母乳會隨著寶寶年齡的不同而有所變化，這是配方奶做不到的。

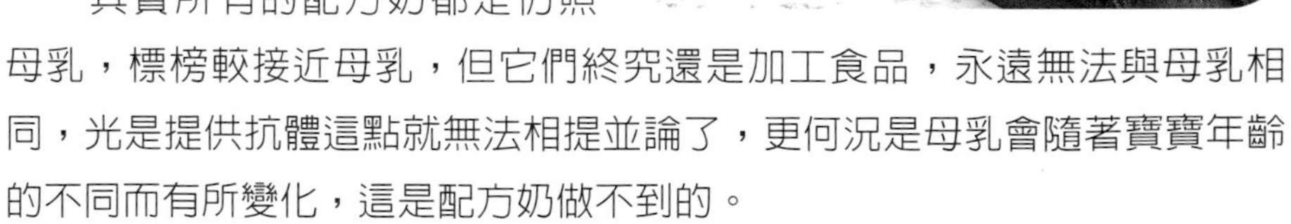

我的寶寶有吃飽嗎？怎麼知道嬰兒吃的夠不夠？如何知道自己的奶水夠不夠？

A 寶寶出生的1~2個月期間，每天能吸吮母乳8~12次，也就是約2~3小時即可哺餵一次，或許夜間時間會拉長，但因人而異，也有寶寶像貓頭鷹一樣，白天睡得好，晚上吃得多（希望那個人不是你）；如果真的是也別害怕，通常日夜顛倒的情形，最久3個月時就會改善了，但要記得，夜裡泌乳激素的分泌是比較旺盛的，也就是母乳在夜裡分泌的乳汁比較多，別錯過這樣的好時機！

1.從寶寶的體重來判斷：

寶寶出生的第1周是生理性脫水期，所謂的生理性脫水就表示「那是正常的，每位寶寶都會這樣」，媽媽不必恐慌，更不要因此誤以為自己沒有把母乳餵好，是不是母乳不足……等疑惑產生，此時寶寶的體重約會下降8~10%（比如出生體重3,000公克，可能會下降為2,700公克）但一周後就會回穩，並開始往上升（但記得是從2,700公克開始上升，別算錯，又引起自己的苦惱），二周時會恢復出生體重（約3,000公克）。

在出生的3個月內平均每周體重可增加125公克，或每月約增加500公克，如果您的寶寶有達到此目標，那麼就表示寶寶有吃到足夠的奶水（記得每次測量體重時的條件要相同）。比方說：下午剛洗完澡穿一件紗布衣，包一片尿布時測量，那麼下次測量時亦是同樣條件，才不會有太大的誤差。

2.從寶寶的尿量來判斷：

這個觀察法是以更換尿布的片數來計算，出生第1天，約1~2片，出生第2天約2~3片，超過第6天起，每天約6片（有點分量的尿布）。其中，小便的顏色不宜太深（如：深橘色），若顏色太深可能是水分不夠使尿液濃縮，那麼就該增加母乳哺餵的次數及時間了（在此要提醒媽媽：若媽媽對寶寶的大、小便顏色，是否拉肚子、便秘或小便有問題，記得將換下的尿布，有疑慮的大、小便帶到小兒科門診，請醫師看，避免因認知不同，而使媽媽過度擔心，通常小兒科醫師會樂意看你寶寶的大、小便，甚至有的醫師還會拿支壓舌板仔細地「翻閱」甚至聞聞味道是否有問題）。若尿量正常，那麼媽媽大可不必懷疑自己的寶寶有沒有吃飽了，想一想，如果沒有足夠的進奶量，哪會有多次的小便量呢？

白天要上班，夜間餵奶很辛苦，可以白天哺餵母乳，晚上由家人餵配方奶嗎？

A 夜晚餵奶也可以很簡單，只要讓媽咪與嬰兒在夜晚共眠，媽咪躺著就能餵母乳，甚至可邊餵邊睡，不需要特別起身餵奶。建議每位媽咪都要學會躺著餵母乳。媽咪毋須擔心會壓到寶寶，因為正常的媽咪有足夠的警覺心保護寶寶，除非媽咪有吸毒或是藥癮。

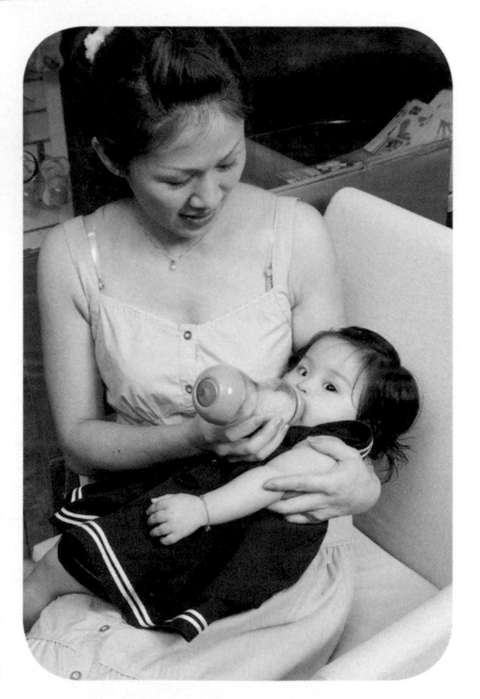

休息是為了走更長遠的路！大多數的媽媽會希望晚上好好休息，儲備體力，隔天繼續衝刺。殊不知如此的做法是本末倒置，夜間所分泌的乳汁量多、脂肪含量最高，最能增加寶寶的飽足感，讓寶寶能睡得更長更深。有研究指出：夜間母嬰同床不會減少媽媽的睡眠時間，寶寶能睡得更安穩，哭鬧的時間也比較少（約為母嬰分開的1/20）。話雖如此，夜間哺乳還是要注意：媽媽能得到足夠的休息；並且，滿足嬰兒在營養和情感上的需求。

為了使媽媽免於身心疲憊而放棄夜間哺乳，
有些小竅門可以提供參考：

1.白天固定且多次哺乳

2~3小時哺餵一次，盡量讓寶寶喝飽，再加上夜間乳汁的特性，以降低寶寶夜間喝奶的次數。

2.睡覺前再餵寶寶一次

一般而言，媽媽一定要先搞定寶寶，才有時間洗澡，也就因為如此，如果，寶寶9點喝飽入睡，媽媽可能10點半就寢；那麼睡前再餵一次，就能避免約12點必須再起來餵奶。

3.使用兩側乳房邊睡邊餵

以側睡方式餵奶，寶寶吸完一邊，媽媽將寶寶環抱於胸前，採「烤乳豬式」的方式翻滾，再餵另一邊乳房，以確保寶寶得到足夠母乳。

4.哺乳前先換尿布

使媽媽哺乳後能立即入睡，但若寶寶習慣喝完奶後解便，則不適合此方法。

5.哺乳後協助打嗝並抬高30度右側臥

夜間哺乳吸入的空氣較少，無需刻意幫寶寶排氣打嗝，除非寶寶有經常性溢奶或吐奶的情形。可將寶寶置於大人枕頭上（抬高30度），並採右側臥，輕拍寶寶背部，直到打嗝，以防吐奶，並可降低腹部絞痛機率。

Q10 寶寶長牙了，咬我的乳頭怎麼辦？

A 發現寶寶的第一顆微凸的小乳牙，是件令人振奮的事。大多數的寶寶6~9個月大的時候開始長第一顆牙，但也有少數的寶寶會提早或更晚才長牙（每位寶寶的情況都不一樣）。長牙的時期可能會造成寶寶情緒煩躁不安、進食情況不穩定、很會流口水、牙齦癢，常咬著放入他嘴巴的任何東西，包括媽媽的乳頭，於是在控制能力欠佳的情況下，不小心咬到媽媽的乳頭是很常見的。遇到這種情況的媽媽，應該以堅定、溫和的語調及表情告訴寶寶：「不可以！媽媽會痛喔！」接著輕輕地將寶寶與乳房分離。

說這句話時，絕對不可以嘻笑的語氣及表情面對寶寶，否則寶寶會認為這是一件好玩的事，那可就糟了，但切記：將寶寶與乳房分離時，千萬不可強行拉出，或者會有「易開罐」效應，使媽媽的乳頭破裂、受傷。媽媽可將手指伸入寶寶口中，保護自己的乳頭使乳頭安全地移出寶寶口腔，以免乳頭受傷、媽媽受罪。

寶寶如果吃不夠，該如何搭配副食品或配方奶？

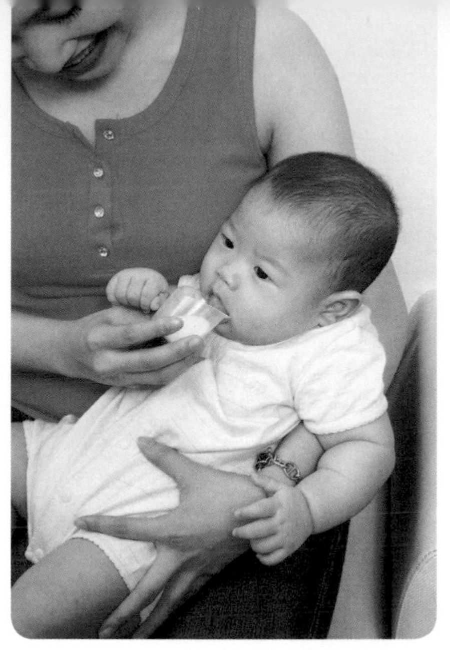

A 如何添加配方奶？寶寶到底吃多少才算夠？常常是讓媽媽們摸不著頭緒的地方！在此仍然要強調：只有信心不足的媽媽、沒有母乳不夠的媽媽。評估寶寶是否有吃飽是有科學根據的，可以從寶寶的大便、小便、及體重的成長來評估。天下的媽媽都是一樣的，就算寶寶已經超重了，但在媽媽的眼裡永遠都會擔心寶寶會不會吃不夠。但是若寶寶真的吃不夠，母乳寶寶會自立自強的多吸幾次奶，來幫助乳汁分泌得更多，這種行為稱為「追奶」，或者媽媽可以動用冰箱中的庫存量，倘若沒有庫存需要添加配方奶時，可以有幾種選擇：

1 選擇一天當中最需要家人幫忙的時段，當餐以配方奶取代。

2 每次餵完母乳後，寶寶有明顯沒吃夠的反應時，補充部分配方奶。使用此方法時請留意：聰明的寶寶會馬上察覺，原來只要我有某些表示，我媽媽就會給我吃配方奶，那麼，寶寶就會越來越懶得自己吸母乳了；不過這個方法也是最多新手媽媽使用的伎倆，以滿足自己的信心不足，但結果總是得不償失。

3 千萬記得，別異想天開把母乳加配方奶泡在一起，如此不但會影響母乳中珍貴的營養成分及抗體，還會影響寶寶對味道的喜好，而選擇味道較香濃的配方奶，失去對母乳的興趣。

如何搭配副食品？

小兒科醫學會建議寶寶6個月後開始添加副食品，而添加副食品的原則是：

1. 由簡單、單純的食物開始，如蘋果、香蕉。
2. 選擇不易產生過敏的食物，如米粉優於麥粉。
3. 每次只嘗試一種新食物，並維持2~3天。
4. 觀察寶寶的喜好、皮膚是否有紅疹、大便是否異常等。
5. 如果發現寶寶對新食物不喜歡，不代表永遠不喜歡，可先停用數周後再嘗試看看。

當媽媽，尤其是正在餵母奶的媽媽一定會很擔心：我生病會不會影響到寶寶？會不會傳染給寶寶？吃藥會不會影響乳汁的分泌？我到底該不該吃藥？因為有滿腦子的顧慮，所以通常餵母奶的媽媽生病時會有兩種情況：一是盡量忍，忍到忍無可忍的時候才去看醫生。二是警覺性很高，有點風吹草動就會先去找醫生，以免病情更嚴重而傳染給寶寶，不論你是那一種，出發點都是為了寶寶好，若選擇看醫生吃藥，應特別注意：

1. 看病時，先告知醫師目前正在餵母奶，主動提供資訊讓醫師知道，以便醫師選擇不會通過乳汁給寶寶的藥物。

2. 可以找婦產科醫師看診，因為大部分懷孕時可以用的藥（懷孕時的用藥是非常小心謹慎的）哺乳時也可以用。

3. 也可以找小兒科醫師看診，因為一般如抗生素，只要是寶寶可以用的，表示安全性也高，通常媽媽使用時，也可以正常餵母奶。

4. 大部分的藥物，在母乳中的含量都是很少的，對寶寶的影響並不大。

5 若媽媽的確需要服藥，但又擔心會影響寶寶，那麼有一個安全的法子——每種藥物皆有所謂的半衰期（也就是藥物在血液中的濃度下跌了一半以上，所需的時間，大多數的口服藥為60~90分鐘），利用這個安全的準則，媽媽可以在吃藥前哺乳，也可以在吃完藥後的兩小時再進行哺乳。

6 若媽媽仍不放心，那麼請您未雨綢繆，平日儲存一些母奶，那麼不方便時就可以派上用場了。

以上方法提供媽媽參考，但記得若是媽媽有特殊疾病需要特殊用藥時，應與醫師討論，盡量以不影響餵母奶為原則，若非得暫停幾天，等停藥後再繼續餵，那麼記得暫停餵奶的那幾天，務必得將母奶擠出丟棄，否則幾天後，等媽媽想要開始餵母奶時，很可能會無奶可餵了（因為供需原理）。

最常見的問題是媽媽感冒了，在此要提醒媽媽們，若是在感冒期間更是要堅持餵母乳，因為此階段的媽媽可以立即將目前正在製造產生的抗體，經母奶傳輸給寶寶，至於會不會把感冒也傳染給寶寶？其實和餵母奶無關，感冒是經由空氣傳染，只要家人感冒都是有機會傳染給寶寶的。

A專家說：一般而言，照X光對母奶的哺餵是不會造成影響的，甚至是乳房攝影、電腦斷層攝影（CT scan）及核磁共振攝影（MRI）都不會影響母奶的哺餵，那麼更別說是牙科的局部X光攝影了，所以媽媽若有接觸以上的X光檢查，大可放心的繼續餵母乳。

提到牙科，有些媽媽擔心牙科治療的局部麻醉劑會影響寶寶，常忍著痛不敢看牙齒，那麼您這就是白痛了，少量的局部麻醉通常是不會進入乳汁中，就算有些許的麻醉藥經由血液進入乳汁中，其量也是微乎其微的，不必擔心，如果還是不放心，那麼可以建議媽媽在治療後2~3小時再進行哺乳，那麼就沒有後顧之憂了。

A何謂拉肚子？相信每個人對拉肚子的定義都不相同，稀稀的、水水的、糊糊的、甚至軟軟的，既然認知不同，那麼建議大家：當你認為寶寶拉肚子了，或是大便狀況和平日有所不同，應該帶著寶寶就醫，連同有異狀的大便尿布一起就醫，由專業醫師判斷是否有問題。初乳中含有輕瀉作用，可加速寶寶清除胎便及黃疸，但僅限於初乳。母乳中的成分，容易消化吸收，大便形態可能比較軟，所以通常寶寶不會有便秘的問題，用一點點力，就能輕而易舉將一肚子大便一掃而空，餵母乳初期大便次數可能會多一點，但是解出來的形態若是稀糊便，是還可以接受的。另外，寶寶的大便顏色也是注意的重點。

Q15
爸爸、媽媽都是過敏體質，懷孕及哺乳期間，是不是要避免所有可能導致過敏的食物？

A 過敏疾病是兒童常見且難纏的一種慢性病，家族史是一個重要的依據，也就是說：如果父母雙方都有過敏疾病，那麼寶寶成為過敏兒的機會就相當高。如果寶寶有可能是過敏體質，餵母乳可以降低寶寶過敏的症狀，若是媽媽能在哺乳期間做好飲食控制，生活環境能更加注意，那麼，對控制寶寶日後的過敏問題會有很大幫助。

在飲食方面：哺乳期間，高過敏性的食物，應盡量避免食用，包括：鮮奶、各式奶製品（優酪乳）、麥類（麥粉）、柑橘類（橘子）、有毛的水果（草莓、奇異果）、蛋白、有殼海鮮（蝦、蟹）、花生堅果類、巧克力；所謂的避免並非完全禁止，偶爾吃一點是可以接受的，媽媽無需有太大的壓力。

在生活環境方面：盡量避免塵蟎的產生，保持空氣流通，禁止吸菸及二手菸，減少有毛玩具及地毯，考慮使用百葉窗或捲簾。

A餵母乳並不是一件簡單的事，但卻不應該是一件勞累的事！很多媽媽會將體力及心思，全心全意的用在寶寶身上，這固然是表現出媽媽對寶寶的疼愛有加，但是，照顧孩子是一輩子的事，所需要的精神及心力是永遠都無法足夠的。所以，媽媽在餵母乳的同時，一定要隨時注意自己的姿勢及舒適度，保持輕鬆而且舒服的餵奶，包括姿勢及情緒；產後腰痠背痛，通常是因為某些姿勢長時間不正確使用，造成肌肉緊張及疲憊，而產生痠痛；可以熱敷及按摩來改善，但是如果姿勢無法矯正，及做適當的支撐，那麼在腰痠背痛的背後，韌帶受傷、復健，就會圍繞在你的身邊，永遠伴隨著你！所以，在此建議媽媽們一定要學會躺著餵奶，才能使餵母奶成為一件輕鬆快樂的事。

媽媽在餵母乳的同時，
姿勢及情緒一定要輕鬆而且舒服。

餵母奶時，咖啡、麻辣火鍋都不能吃嗎？

A 享受美食也是舒緩壓力的一種有效的方法，如果餵母奶要做這麼大的犧牲，人生就會變黑白的，你說是嗎？教媽媽們一個好方法：首先要掌握寶寶喝奶的間隔頻率，適當的運用間隔時間，選擇一次寶寶喝奶間隔長的時段；先餵飽寶寶，然後再吃你想吃的東西，如果你選擇的美食是屬於高刺激性的食物（咖啡、可樂、麻辣火鍋），那麼你必須要有本錢，也就是有庫存的母乳，因為你可能必須把下一次的母乳擠掉，不要給寶寶喝；或者你可以觀察，當你吃完刺激性美食的同時，寶寶喝了母乳後的反應，說不定寶寶也喜歡吃呢！

不過安全起見，我們不希望拿寶寶的食慾開玩笑，有研究顯示：媽媽吃高刺激性的食物時，可能會影響乳汁的味道及成分，當然對於寶寶的狀況也會有所改變（如精神亢奮、拒喝母乳等）；所以，媽媽們平時可以準備一些安全庫存量，以備不時之需，希望媽媽們為寶寶犧牲奉獻之餘，同時也能將自己的情緒保持最佳狀態，適當的時候別忘了好好疼愛自己一下。

A乳汁的多少取決於：產後是否盡早讓寶寶吸母乳（產檯上即刻吸吮）？寶寶是否正確含乳？媽媽是否能依照寶寶的需求餵奶、讓寶寶多吸乳房？是否有適當的休息、均衡的飲食、足夠的水分？並且保持輕鬆愉快的心情，而年輕或是高齡，最大的不同在於信念的堅持度，不過這不能一概而論，還是要因人而異。所以，年齡的大小並不會影響乳汁的分泌的。

Q19 乳汁在乳房中放太久，會不會酸臭？前面擠出來的奶是不是不能喝？

A乳房並不是冰箱，不會有太大的溫度變化，乳汁在乳房內不會變質，但是會變少，當乳房太過充盈時，乳腺組織會分泌一種抑制激素，抑制乳汁分泌，使乳汁越來越少。因此，應該定時將乳汁排出，最好盡量讓寶寶直接吸吮，因為寶寶是最佳的吸乳器。

產後幾天內，乳汁只能擠出幾滴，寶寶夠喝嗎？

A 乳汁的量一直是媽媽們最「滴滴計較」的，每位媽媽擠奶時最在意的就是擠了幾c.c.？夠不夠寶寶喝？顏色如何？營養多不多？反正是一大堆問號在腦袋裡繞。事實上，產後的3~5天內，多數的媽媽所擠出來的奶量通常只有3~5c.c.（如果這時候的媽媽能一次擠出20~30c.c.，那麼這位媽媽的「奶途」必定無可限量），因為初乳的量並不多，且顏色較黃且濃，但卻足以提供寶寶頭幾天的營養及熱量；3~5天之後，初乳會慢慢的由過渡乳轉變為成熟乳，其過程約7天，成熟乳的奶量開始變大，能使乳房感覺充盈，讓媽媽有「奶水來了」的感覺，使媽媽能明確的看到乳汁流出，信心大增。

其實，母乳的分泌是一種供需原理，寶寶經過多次的吸吮刺激，可以發出訊息要求大腦，提供更多的乳汁，尤其是在10~14天左右，媽媽的乳汁分泌及寶寶的喝奶機制逐漸達成平衡，也就是媽媽開始有成就感的時期了。換言之，媽媽們在餵母乳剛開始的前兩個星期，絕對是辛苦的！需要給寶寶多次的吸吮以刺激乳汁的分泌，一分耕耘，一分收穫，千萬不要為了一時的誤解（只能擠出幾滴乳汁）而氣餒。

A 這是八成以上媽媽心中最大的疑慮。但事實上，這是個錯誤的說法，而不少人還把這個錯誤琅琅上口，剛好凸顯我們整個社會對於母奶的無知。母奶是寶寶最佳食物，其成分會隨著寶寶的成長而改變，6個月以後的母奶並非不再有養分，而是因為此時的寶寶開始添加副食品，母乳將會自動調節成寶寶所需的養分，使寶寶的營養恰到好處，不至於讓寶寶的營養過剩，導致肥胖。

母奶本質上就是一種「奶」，即使寶寶已經超過6個月，即使媽媽泌乳已經超過6個月，母奶裡當然還是含有蛋白質、脂肪、以及其他在營養上重要且適當的成分，是寶寶所需要的。而母奶中所含的保護因子對大寶寶尤其重要，可幫助大寶寶對抗疾病，並減緩疾病的嚴重程度。由於寶寶的免疫系統尚未成熟，母奶所提供的保護在6個月後持續發酵，即使餵奶的次數減少，仍具保護力。甚至，母奶中所含某些能夠保護寶寶免於感染的免疫因子，媽媽就像一位DHL快遞專員，隨時把自己身上所製造出來的抗體，立即經過母乳限時專送到寶寶身體裡。

Q22 餵母奶兩個星期後，發現乳房很明顯的一邊大一邊小，該怎麼辦？

A 當寶寶兩周大時，母乳的供需量已逐漸達到平衡，此時的媽媽餵母乳的技巧及寶寶的配合度都能達到最佳境界；於是，會發生「習慣上」的問題，比如：媽媽發現寶寶的喜好，習慣讓寶寶吸某一邊的乳房；或者媽媽覺得某些姿勢餵母奶比較順暢，就忽略了兩邊乳房應輪流開工。一、兩天或許沒有感覺，但是日子一久，便會造成兩邊乳房大小不一：工作頻繁的一側乳房，乳汁的分泌量會多，乳房也就比較大；相反的，另一邊乳房因為工作量少，乳汁的分泌量就少，乳房也就比較小。

然而，身材外觀是女人非常在意的一件事，兩邊乳房不一樣大，可是會影響美麗呢！其實媽媽不必擔心，沒有什麼事情是無法解決的。若寶寶習慣吸右邊乳房，一碰左邊乳房就哭，媽媽心疼寶寶，乾脆只餵右邊，這時候建議媽媽：可以選擇在寶寶正想要喝奶時，先讓寶寶吸左邊乳房，媽媽要記得，需有一定程度的堅持，要求寶寶配合。若實在沒有辦法，拗不過你的寶寶，那麼舉白旗投降的媽媽，只好辛苦點，將左邊的乳房的奶擠出來。

不過要注意的是：如果右邊乳房讓寶寶「吸」8次，那麼左邊乳房就應該「擠」10次，因為寶寶吸吮的力道遠勝於手擠或是吸乳器；相信透過這樣的方式來改善，幾天後乳房的大小就能恢復往日的均衡美了。

A 現代的家庭組合雙薪家庭、職業婦女居多，產假結束後所面臨的就是接踵而來的工作壓力及層出不窮的育嬰狀況，壓力對母乳的影響極大，若再加上媽媽必須出國甚至調職，可說是雪上加霜，為了避免此狀況的發生，建議媽媽們能在產假期間準備好「安全庫存量」以備不時之需。倘若仍然不敷使用，或許就得考慮添加部分的配方奶了！此時媽媽們就得從長計議，規畫出自己及寶寶的母乳計畫，約略可分為兩種模式：

1 **半天媽媽**：也就是除了上班以外的時間，每天都有親自照顧寶寶的時間，那麼媽媽上班時間盡量利用時間擠奶，下班後帶回家中保存，以供寶寶隔天使用；當能與寶寶在一起時，把握時機讓寶寶吸吮乳房，順便安撫寶寶白天與媽媽分離所缺乏的安全感，然而媽媽若無法擠奶，家中的「安全庫存量」又日漸消耗，可以考慮白天由家人或保母餵配方奶，晚上仍然希望媽媽能親自哺餵母乳，如此的混合餵法，依然可以保持「細水長流」，天天都可以將媽媽身上所產生的新鮮抗體，直接輸入給寶寶，讓寶寶持續健康。

2 **假日媽媽**：顧名思義是只有假日才有機會與寶寶相聚，如此是否代表一定得放棄母乳嗎？其實不然，由於社會的進步，有種便利服務業——宅急便，它們可以將媽媽每天擠出來的愛心奶水，定時採用冷藏保鮮限時專送，由於運送成本的關係，可以每周1~2次，加上媽媽親自配送1次，這麼一來寶寶仍然可以天天享用媽媽的愛心便當。其實，方法非常的多，不過事在人為，就看媽媽們想做到什麼程度了！

大大有效的發奶食譜

月母補乳湯
鮮魚豆腐湯
老薑麻油蝦湯
鱸魚清湯
黑芝麻豬蹄湯
芡實薏仁排骨湯
山藥烏骨雞湯
青木瓜魚片湯
奶油鮮魚湯
糙米排骨湯
泌乳茶

擔心乳汁不足是很多準備哺乳或是開始哺乳，甚至是哺乳遭遇挫折時所最常懷疑的問題，而食譜又是坐月子最應注意的問題，所以常懷疑自己母乳不足時，最直接的想法就是：有什麼食物吃了會讓乳汁分泌量增加的，下面我們就來介紹幾種催乳發奶的食譜；但別忘了，讓寶寶頻繁且正確吸奶才是讓乳汁多又多的不二法門：

月母補乳湯

材料：

母雞1隻、米酒（適量）、蔥、老薑、清水

做法：

1. 買雞時，請將雞骨架及雞肉分開裝並去皮。
2. 雞骨架先洗淨，以熱水氽燙，去除血水。
3. 加入清水、老薑後，以小火燉煮約2~3小時。
4. 將雞胸肉及雞腿肉拍碎剁成雞茸，並加少許清水（或米酒）調稀，放入蔥及薑備用。
5. 將煮好的雞骨清湯濾淨，並去除浮油後重新加熱。
6. 將調好的雞茸倒入湯內攪勻，待湯再度滾開後，撈去上浮的油沫及雜質，即完成月母補乳湯。

特色 食材簡單準備容易，內容富含蛋白質及脂質，雞茸因未熬煮過久，所以肉質鮮嫩，湯頭香甜，清淡又不失療效，產後可益氣補體，促進乳汁分泌，是產後補身的最佳選擇。也是食慾不振者的首選。

鮮魚豆腐湯

材料：

鮮魚1條（鯽魚或鱸魚約250~300克）、豆腐約450克、米酒、油（麻油或苦茶油）、薑、蔥花、少許鹽

做法：

1. 豆腐切成薄片或塊狀，以滾水加少許鹽，將豆腐汆燙，瀝乾待用。
2. 鍋子加入些許麻油或苦茶油，爆香薑片，將魚放入鍋內煎成兩面微黃，加入米酒或適量的水（依個人需求）以小火熬煮約20~30分鐘，放入汆燙過的豆腐片，起鍋前撒上蔥花。

特色　鯽魚、鱸魚及豆腐含有豐富的蛋白質及膠質，並且有良好的催乳作用，對產後媽媽身體恢復及傷口修復，有很好的作用，鯽魚又稱之為「喜頭魚」，意思是生子有喜的時候食用，營養豐富又可促進乳汁分泌。

老薑麻油蝦湯

材料：

蝦約半斤、老薑適量、麻油適量、米酒

做法：

1. 將蝦洗淨，以剪刀修剪蝦腳及頭部頂端部分，使蝦看起來更為可口，洗淨後並將蝦頭及身體分開待用。
2. 老薑切片，以麻油爆香。
3. 另起一鍋，將所需的米酒或是水，先加熱滾開待用。
4. 將蝦頭下鍋連同麻油老薑爆炒。
5. 待蝦頭炒熟時，將滾開之米酒水倒入。
6. 中大火熬煮約20~30分鐘，將蝦身體放入鍋中，約2~3分鐘即可。

特色

老薑、麻油及米酒是坐月子必備的材料，可以祛寒、補身，促進惡露排除，在此要提醒對蝦有過敏體質的媽媽，應減少攝取有殼海鮮，這道湯品也可以雞肉或豬腰肉取代，但熬煮的時間需加長約40~60分鐘，有個烹調技巧要傳授給大家：上述3的方法，先將要加入的米酒水加熱到滾燙後再倒入已翻炒好的老薑、麻油鍋中，能使湯品顏色濃白，更加營養美味，看起來像是熬煮了好幾小時似的。一般建議產後一星期內，先以苦茶油烹調食物，待傷口完全癒合後再以麻油烹調。

鱸魚清湯

材料：

鱸魚1條（若太大，可分成2~3段）、薑絲、米酒（視個人需求）

做法：

1. 鱸魚應先洗淨，去血水及雜質。
2. 將適量的水約1,000c.c.煮開（若需採全酒或米酒水的媽媽，可自行調整）。
3. 把鱸魚及薑絲，放入煮開的水中約20分鐘後，去除上層的雜質即可。

特色

鱸魚的蛋白質及脂質品質佳，對產後的傷口組織修復及補充體力很好，而且容易消化吸收，薑絲清湯在月子期間是產婦最能接受的食物，可多喝點湯，哺餵母乳所需的蛋白質、脂質及水分就全靠它了，況且薑絲又可祛寒，建議媽媽能將薑絲一併吃下，薑絲亦是一種不可多得的高纖維食材，有助於改善媽媽產後便秘的問題。

黑芝麻豬蹄湯

材料：

黑芝麻100克，豬蹄1隻，水或米酒（視個人需求）

做法：

1. 將黑芝麻炒香，磨成粉末待用。
2. 豬蹄洗清、切塊。
3. 先以熱水燙去血水。
4. 以約半鍋水或米酒（超過豬蹄），煮熟豬蹄約需90分鐘（依個人需求）。
5. 待豬蹄肉熟爛時，加入適當調味料（視個人情況不加亦可）
6. 取豬蹄湯加入黑芝麻末拌勻飲用。

特色　傳統產婦常吃的是豬蹄花生湯，但哺餵母乳時，若有過敏體質，應避免花生堅果類，況且黑芝麻內含豐富鈣質，亦可養血，壯筋健胃、增乳、催乳汁，使乳汁源源不斷，對產後血虛乳汁不足效果極佳，又可使頭髮烏黑亮麗，值得推薦給想要增加乳汁的媽媽。

芡實薏仁排骨湯

材料：

芡實約50克、薏仁50克、排骨200克、水或水酒（視個人需求）、薑片少許、當歸2片

做法：

1. 芡實、薏仁洗淨後，浸泡約2小時。
2. 排骨洗淨後，用熱水汆燙備用。
3. 加入浸泡好的芡實、薏仁、薑片及水或米酒約1,000c.c.。
4. 熬煮約2小時，即可食用。

特色 芡實含豐富的蛋白質、鈣、磷、核黃素，可健脾生乳促進乳汁分泌、治療腰痠背痛，屬性較為平和，任何體質皆適用。薏仁具有消炎、利尿、排膿、鎮痛、消腫作用，是蛋白質及脂肪含量最豐富之穀類，亦含多量的維他命B_1、B_6和鐵、鈣質，為一般禾穀類未具有之特性。最適合產後哺乳的媽媽，使乳汁源源不斷。

山藥烏骨雞湯

材料：

山藥100克、烏骨雞半隻、紅蘿蔔半條、昆布10克、薑少許、水或酒（視個人需求）

做法：

1. 山藥、紅蘿蔔切塊、薑切片備用。
2. 烏骨雞切塊洗淨後汆燙。
3. 烏骨雞加入水或米酒、薑、昆布及紅蘿蔔熬煮約60分鐘。
4. 加入山藥繼續熬煮約20分鐘後，加入適度調味，即可食用。

特色 山藥有開胃健脾的功能，含有豐富的黏液質及澱粉，具有極高之營養價值，是月子期間不可缺少的補養佳品，且不燥熱，湯內又加入有β胡蘿蔔素的紅蘿蔔，及高營養的昆布，不但配色好看，對於產後食慾欠佳的媽媽、不僅可以開胃，更能增加乳汁分泌。

青木瓜魚片湯

材料：

青木瓜250克、魚片200克、薑片、水或酒

做法：

1. 將青木瓜去皮、去瓜核，切塊備用。
2. 以切塊之青木瓜加水及薑片，滾煮約20分鐘。
3. 加入魚片，約2~3分鐘即可食用。

特色

魚片含有蛋白質、脂肪、鈣、磷、鐵及維生素B_1、B_2、A等多種營養成分，此湯品可暖胃、補虛、祛風寒、潤膚、助消化，可明顯改善乳汁過少的情況，是產婦哺乳及月子期間非常適合的湯品，簡單、易烹調（亦可改成青木瓜排骨湯）。

奶油鮮魚湯

材料：

麻油或苦茶油、鯽魚或鱸魚1條約400~500克、薑、水或酒約1,000c.c.

做法：

1. 將購買回來的魚洗淨，並在刀背上劃上刀紋，可以人字形滑刀切開。
2. 將適量的水或酒先倒入另一鍋中先行煮沸。
3. 麻油或苦茶油熱鍋，以薑爆香。
4. 將處理好的鮮魚、以紙巾吸乾多餘的水後，輕放入鍋中煎。
5. 待鮮魚兩面煎略黃，隨即加入煮沸的水或酒，再熬煮5~10分鐘，使湯變得白濃香醇，加入適當調味料，即可使用。

特色

此做法使湯品顏色白濃、味道鮮美，不但含豐富蛋白質、膠質、鈣、磷 等營養成分，更可祛寒、補身、增進食慾、增加乳汁分泌，是月子和哺乳期間必備的佳餚，再次提醒媽媽，在傷口未完全癒合前，應減少麻油及酒的攝取，先以苦茶油替代。

糙米排骨湯

材料：

排骨200克、糙米半杯、薑片、水或酒

做法：

1. 將排骨切塊洗淨汆燙備用。
2. 糙米洗淨備用。
3. 將汆燙過的排骨、糙米及薑片加入滾水（或酒）中，滾煮約60~90分鐘。

特色　此湯品含豐富的蛋白質、鈣質、纖維質及維他命B群。

王牌泌乳茶

材料：

蒲公英2錢、夏枯草3錢、王不留行3錢、當歸1錢、金銀花2錢、紅棗7顆，水600c.c.

做法：

水滾後放中藥材，蓋上蓋子煮20分鐘，分成兩碗，早晚各一碗即可。

特色　雖然喝起來有點苦苦的，但是催乳功能堪稱王牌，是很多媽媽都推薦的泌乳飲品。

朱雀文化 和你快樂品味生活

COOK50系列 基礎廚藝教室

COOK50001 做西點最簡單 賴淑萍著 定價280元
COOK50002 西點麵包烘焙教室——乙丙級烘焙食品技術士考照專書 陳鴻霆、吳美珠著 定價480元
COOK50005 烤箱點心百分百 梁淑嫈著 定價320元
COOK50006 烤箱料理百分百 梁淑嫈著 定價280元
COOK50007 愛戀香料菜——教你認識香料、用香料做菜 李櫻瑛著 定價280元
COOK50009 今天吃什麼——家常美食100道 梁淑嫈著 定價280元
COOK50010 好做又好吃的手工麵包——最受歡迎麵包大集合 陳智達著 定價320元
COOK50012 心凍小品百分百——果凍・布丁（中英對照） 梁淑嫈著 定價280元
COOK50014 看書就會做點心——第一次做西點就OK 林舜華著 定價280元
COOK50015 花枝家族——透抽、軟翅、魷魚、花枝、章魚、小卷大集合 邱筑婷著 定價280元
COOK50017 下飯ㄟ菜——讓你胃口大開的60道料理 邱筑婷著 定價280元
COOK50018 烤箱宴客菜——輕鬆漂亮做佳餚（中英對照） 梁淑嫈著 定價280元
COOK50019 3分鐘減脂美容茶——65種調理養生良方 楊錦華著 定價280元
COOK50021 芋仔蕃薯——超好吃的芋頭地瓜點心料理 梁淑嫈著 定價280元
COOK50022 每日1,000Kcal瘦身餐——88道健康窈窕料理 黃苡菱著 定價280元
COOK50023 一根雞腿——玩出53種雞腿料理 林美慧著 定價280元
COOK50024 3分鐘美白塑身茶——65種優質調養良方 楊錦華著 定價280元
COOK50025 下酒ㄟ菜——60道好口味小菜 蔡萬利著 定價280元
COOK50026 一碗麵——湯麵乾麵異國麵60道 趙柏淯著 定價280元
COOK50027 不失敗西點教室——最容易成功的50道配方 安妮著 定價320元
COOK50028 絞肉の料理——玩出55道絞肉好風味 林美慧著 定價280元
COOK50029 電鍋菜最簡單——50道好吃又養生的電鍋佳餚 梁淑嫈著 定價280元
COOK50030 麵包店點心自己做——最受歡迎的50道點心 游純雄著 定價280元
COOK50032 纖瘦蔬菜湯——美麗健康、免疫防癌蔬菜湯 趙思姿著 定價280元
COOK50033 小朋友最愛吃的菜——88道好做又好吃的料理點心 林美慧著 定價280元
COOK50034 新手烘焙最簡單——超詳細的材料器具全介紹 吳美珠著 定價350元
COOK50035 自然吃・健康補——60道省錢全家補菜單 林美慧著 定價280元
COOK50036 有機飲食的第一本書——70道新世紀保健食譜 陳秋香著 定價280元
COOK50037 靚補——60道美白瘦身、調經豐胸食譜 李家雄、郭月英著 定價280元
COOK50038 寶寶最愛吃的營養副食品——4個月～2歲嬰幼兒食譜 王安琪著 定價280元
COOK50039 來塊餅——發麵燙麵異國點心70道 趙柏淯著 定價300元
COOK50040 義大利麵食精華——從專業到家常的全方位祕笈 黎俞君著 定價300元
COOK50041 小朋友最愛喝的冰品飲料 梁淑嫈著 定價260元
COOK50042 開店寶典——147道創業必學經典飲料 蔣馥安著 定價350元
COOK50043 釀一瓶自己的酒——氣泡酒、水果酒、乾果酒 錢薇著 定價320元
COOK50044 燉補大全——超人氣・最經典，吃補不求人 李阿樹著 定價280元
COOK50045 餅乾・巧克力——超簡單・最好做 吳美珠著 定價280元
COOK50046 一條魚——1魚3吃72變 林美慧著 定價280元
COOK50047 蒟蒻纖瘦健康吃——高纖・低卡・最好做 齊美玲著 定價280元
COOK50048 Ellson的西餐廚房——從開胃菜到甜點通通學會 王申長著 定價300元
COOK50049 訂做情人便當——愛情御便當的50X70種創意 林美慧著 定價280元
COOK50050 咖哩魔法書——日式・東南亞・印度・歐風＆美食・中式60選 徐招勝著 定價300元
COOK50051 人氣咖啡館簡餐精選——80道咖啡館必學料理 洪嘉妤著 定價280元
COOK50052 不敗的基礎日本料理——我的和風廚房 蔡全成著 定價300元
COOK50053 吃不胖甜點——減糖・低脂・真輕盈 金一鳴著 定價280元
COOK50054 在家釀啤酒Brewers' Handbook——啤酒DIY和啤酒做菜 錢薇著 定價320元
COOK50055 一定要學會的100道菜——餐廳招牌菜在家自己做 蔡全成、李建錡著 特價199元
COOK50056 南洋料理100——最辛香酸辣的東南亞風味 趙柏淯著 定價300元
COOK50057 世界素料理100——5分鐘簡單蔬果奶蛋素 洪嘉妤著 定價300元

北市基隆路二段13-1號3樓 http://redbook.com.tw TEL：2345-3868 FAX：2345-3828

COOK50058 不用烤箱做點心——Ellson的快手甜點 王申長著 定價280元
COOK50059 低卡也能飽——怎麼也吃不胖的飯、麵、小菜和點心 傅心梅審訂 蔡全成著 定價280元
COOK50060 自己動手醃東西——365天醃菜、釀酒、做蜜餞 蔡全成著 定價280元
COOK50061 小朋友最愛吃的點心——5分鐘簡單廚房，好做又好吃！ 林美慧著 定價280元
COOK50062 吐司、披薩變變變——超簡單的創意點心大集合 夢幻料理長Ellson＆新手媽咪Grace著 定價280元
COOK50063 男人最愛的101道菜——超人氣夜市小吃在家自己做 蔡全成、李建錡著 特價199元
COOK50064 養一個有機寶寶——6個月～4歲的嬰幼兒副食品、創意遊戲和自然清潔法 唐芩著 定價280元
COOK50065 懶人也會做麵包——一下子就OK的超簡單點心！ 梁淑嫈著 定價280元
COOK50066 愛吃重口味100——酸香嗆辣鹹，讚！ 趙柏淯著 定價280元
COOK50067 咖啡新手的第一本書——從8～88歲，看圖就會煮咖啡 許逸淳著 特價199元
COOK50068 一定要學會的沙拉和醬汁110——55道沙拉×55種醬汁（中英對照） 金一鳴著 定價300元
COOK50069 好想吃起司蛋糕——用市售起司做點心 金一鳴著 定價280元
COOK50070 一個人輕鬆煮——10分鐘搞定麵、飯、小菜和點心 蔡全成、鄭亞慧著 定價280元
COOK50071 瘦身食材事典——100種食物讓你越吃越瘦 張湘寧編著 定價380元
COOK50072 30元搞定義大利麵——快，省，頂級 美味在家做 洪嘉妤著 特價199元
COOK50073 蛋糕名師的私藏秘方——飯店點心房最受歡迎的50道甜點 蔡捷中著 定價350元
COOK50074 不用模型做點心——超省錢、零失敗甜點入門 盧美玲著 定價280元

BEST讚系列 最讚的流行美味

BEST讚！01 最受歡迎的火鍋＆無敵沾醬 王申長著 特價199元
BEST讚！02 隨手做咖哩——咖哩醬、咖哩粉、咖哩塊簡單又好吃 蔡全成著 定價220元

TASTER系列 吃吃看流行飲品

TASTER001 冰砂大全——112道最流行的冰砂 蔣馥安著 特價199元
TASTER002 百變紅茶——112道最受歡迎的紅茶·奶茶 蔣馥安著 定價230元
TASTER003 清瘦蔬果汁——112道變瘦變漂亮的果汁 蔣馥安著 特價169元
TASTER004 咖啡經典——113道不可錯過的冰熱咖啡 蔣馥安著 定價280元
TASTER005 瘦身美人茶——90道超強效減脂茶 洪依蘭著 定價199元
TASTER007 花茶物語——109道單方複方調味花草茶 金一鳴著 定價230元
TASTER008 上班族精力茶——減壓調養、增加活力的嚴選好茶 楊錦華著 特價199元
TASTER009 纖瘦醋——瘦身健康醋DIY 徐因著 特價199元
TASTER010 懶人調酒——100種最受歡迎的雞尾酒 李佳紋著 定價199元

QUICK系列 快手廚房

QUICK001 5分鐘低卡小菜——簡單、夠味、經典小菜113道 林美慧著 特價199元
QUICK002 10分鐘家常快炒——簡單、經濟、方便菜100道 林美慧著 特價199元
QUICK003 美人粥——纖瘦、美顏、優質粥品65道 林美慧著 定價230元
QUICK004 美人的蕃茄廚房——料理·點心·果汁·面膜DIY 王安琪著 特價169元
QUICK005 懶人麵——涼麵、乾拌麵、湯麵、流行麵70道 林美慧著 特價199元
QUICK006 CHEESE!起司蛋糕——輕鬆做乳酪點心和抹醬 賴淑芬及日出大地工作團隊著 定價230元
QUICK007 懶人鍋——快手鍋、流行鍋、家常鍋、養生鍋70道 林美慧著 特價199元
QUICK008 義大利麵·焗烤——義式料理隨手做 洪嘉妤著 特價199元
QUICK009 瘦身沙拉——怎麼吃也不怕胖的沙拉和瘦身食物 郭玉芳著 定價199元
QUICK010 來我家吃飯——懶人宴客廚房 林美慧著 定價199元
QUICK011 懶人焗烤——好做又好吃的異國烤箱料理 王申長著 定價199元
QUICK012 懶人飯——最受歡迎的炊飯、炒飯、異國風味飯70道 林美慧著 定價199元
QUICK013 超簡單醋物·小菜——清淡、低卡、開胃 蔡全成著 定價230元
QUICK014 懶人烤箱菜——焗烤、蔬食、鮮料理，聰明搞定 梁淑嫈著 定價199元
QUICK015 5分鐘涼麵·涼拌菜——低卡開胃纖瘦吃 趙柏淯著 定價199元
QUICK016 日本料理實用小百科——詳細解說工具的使用、烹調的方法、料理名稱的由來 中村昌次著 定價320元